跳脫品酒學！做自己的葡萄酒行家

宮嶋勳——著

序——別被「葡萄酒的謊言」迷惑，自在品味葡萄酒吧！

偶爾會聽到有人說「葡萄酒我只是喜歡喝，沒有很懂」，也有遇過因為「對葡萄酒一竅不通」而深感慚愧的人。

仔細想想就會發現，這是個弔詭的現象。葡萄酒是酒精飲料的一種，就像喝其他酒一樣，只是想單純享受喝酒的樂趣，不具備什麼知識也沒關係吧？一般人在喝茶或啤酒時，難道會因為自己「不太懂茶」或是「對啤酒的知識一竅不通」而感到自卑嗎？

但是，**為什麼在談到葡萄酒時，就出現了「有必要深入了解」或是「先具備知識才能好好享受」這樣奇妙的誤解呢。**

我想很可能是因為，有一群熱愛賣弄知識的人，刻意將西歐導入的葡萄酒文化奉為崇敬又高尚的圭臬，使得一般消費者不敢親近，演變成無法自由享受葡萄酒的氛圍吧。這真是令人惋惜。

葡萄酒本來就是在生活中深深扎根的日常飲品。是一種很適合出現在每日的餐桌上，不僅襯托食物美味、妝點團聚時光，也是能讓飲用者放鬆、休息，同時儲備明天活力的庶民飲品。與啤酒、燒酒、日本酒一樣，並不是什麼特別的飲料。

然而，某些人將它當成高價寶石來炒作，強加穿鑿附會的空虛知識，讓葡萄酒逐漸成為稀有的「舶來品」，這類往它身上「貼金」的行為，如果是在距今百年前的鹿鳴館時代也就算了，放在現代來看，實在膚淺又滑稽。

葡萄酒並非東方的傳統飲品，在引進的過程中，品味葡萄酒的方式或多或少會因為文化差異出現誤解。這不僅限於葡萄酒，外國的音樂、美術、料理等，在文化傳遞的過程中，也一樣會發生這種情況。

而這些齟齬、誤解，也因此阻礙了我們自由享受葡萄酒的機會，實在可惜。

我在日本與義大利度過將近四十年的時光，並執筆寫下葡萄酒與美食的書。由於工作需求，我經常與各式各樣的人，在各式各樣的地點喝過葡萄酒；在下班後的時光裡，我也很享受隨心選擇想喝的葡萄酒、品味的溫度、使用的酒杯、一起享用的料理，這些完完全全都是按照「當天的心情」決定。「想做什麼就去做」，品味葡萄酒最重要的原則只有這樣而已，除此之外的繁文縟節，根本是多餘的附加之物。

然而，總有一些喜歡強調「形式」的人存在。例如「這款葡萄酒要用這種酒杯喝才對」或是「這款葡萄酒的適飲溫度只限17℃」「務必在飲用前兩小時開瓶」「在品嚐前必須先聞香氣」等等，真是雞婆。

喝葡萄酒是為了放鬆、為了享受，希望大家都能按照自己喜歡的方式來喝，不要被各種莫名其妙的規則給框限了。

每個人的喜好都不同，適合自己的喝法才是最重要的。不能因為熱騰騰的料理很美味，就強迫怕燙的人吃高溫的料理，這單純只是在找碴而已。無論再怎麼昂貴的料理，若不合那個人的口味就毫無價值。

即使是一瓶要價十萬日圓的葡萄酒，也無法收服所有人的味蕾。更何況，並不是每個人都認為「昂貴的葡萄酒就代表好喝、有品味。」就算認為一瓶兩千日圓的葡萄酒更好喝，也不是什麼不可思議的事。同樣地，也有人覺得比起米其林三星級餐廳的高級料理，路邊居酒屋或義式小餐館的料理更美味，不過是如此而已。

此外，葡萄酒和啤酒、日本酒、燒酒、威士忌一樣，有著自己獨一無二的特徵。事先了解這些特徵，也許會在品飲葡萄酒時派上用場。但是，**如果只是一味收集葡萄酒的相關知識，享受賣弄學問的趣味，就如同綜藝節目「小知識之泉[1]」一般，我認為那是「見樹不見林」、反而錯失本質的行為。**

對於葡萄酒，掌握必要的知識就可以了，剩下的依個人喜好盡情享受就好了。本書將會為各位介紹那些「必要」且「根本」的部分。

總而言之，如果總是拘泥於葡萄酒的背景知識、等級區別、品味禮儀等，便很難單純感受葡萄酒的樂趣。葡萄酒該怎麼喝，請自由依照自己喜歡的方式就好，無視那些自以為了不起又寒酸的說教吧。葡萄酒是為了讓人生快樂，使人幸福而存在的。

您也想自由品味葡萄酒嗎？如果本書能為您效勞的話，那真是再榮幸不過了。

宮嶋　勳

1 註：《小知識之泉～奇妙的無用知識～》，通稱《小知識之泉》的日本綜藝節目，節目中會介紹許多對日常生活沒有幫助卻有趣的冷知識。

目次

序——別被「葡萄酒的謊言」迷惑，自在品味葡萄酒吧！ 3

第1章　面對葡萄酒，不需要裝模作樣

■從零開始就是最好的開始 18
——品味葡萄酒，最忌諱裝腔作勢 19
■人人都有機會成為葡萄酒行家 21
■拋開既定規則，隨心品味一次 23
■首先，從「喝過」開始 24
■擁有「日常葡萄酒」的幸福 26
——日常與特殊場合的葡萄酒 27
■「每一口都獨一無二」的魅力 30
■令人「驚喜」的飲品 32
——品味葡萄酒，先掌握大方向即可 33
■不了解風味來源也沒關係 35
——欣賞葡萄酒「神祕的一面」 36
■「風土條件」造就特別的葡萄酒 38

——風土特徵葡萄酒VS品種特徵葡萄酒 40
■符合當天心情的就是好酒 41
■你的毒藥，可能是我的蜜糖 44
■葡萄酒指南與葡萄酒的本質 47
——葡萄酒排名值得參考嗎？ 49
■葡萄酒生產者的話，不能照單全收 51
■別被葡萄酒的偉大傳說給唬了 53
——迎接有葡萄酒的日常 56

第2章　找到專屬自己的享酒方式

■從不同面向品味葡萄酒 60
——享受風味的變化 60
——享受香氣 61
——環境會影響風味 63
——相信第一印象與直覺 64
——貫徹自己的品飲風格 66

■「盲品」喝不出來是理所當然的　67
——會猜酒的人不代表會品酒　70
——擁有「葡萄酒絕對音感」的人們　72
■葡萄酒有最佳適飲溫度嗎？　74
——「紅酒要在室溫下開瓶」的原則已經過時了　75
——享受注入酒杯之後口感的變化　77
■享受自己的品酒方式，別管他人怎麼說　79
——向美國前總統川普學習吧！　80
■用你的風格來為餐桌「穿搭」　81
——猶豫不決時，就選最百搭的酒　83
——享受料理與酒相遇後的化學反應　84
——經典搭配以外的迷人組合　85
——拓展料理和酒的各種可能性　87
■「任性而為」才是正確的品酒心態　88
——比起專業意見，你想喝什麼更重要　90
——搭配什麼料理也是自己決定　91

■「餐前酒」是轉換心情的日常光景 93
——上班族最需要的就是餐前酒 94
——餐前酒是切換心情的開關 95
■葡萄酒的最佳適飲期 96
——不同時期飲用的風味變化 97
——葡萄酒就像人，在不同年齡層有不同的魅力 99
——頂尖葡萄酒生產者眼中的適飲期 100
■在家喝葡萄酒的推薦酒款 101

第3章　邂逅一瓶珍藏的私房葡萄酒

■首先，必須「了解自己的喜好」 106
——最簡單的葡萄酒選擇方式 107
——珍惜「彷彿被電到」的直覺反應 108
——培養「看葡萄酒的眼光」 109
■丟掉知識包袱，先喝喝看再說！ 111
■具有領袖特質的葡萄酒釀造者 114

——釀造者、產地、品種間也要考慮契合度 115
■感受「喜好變化」的樂趣 117
■「感覺」不會背叛你 119
■與命定味道相遇！葡萄酒「聯誼」理論 121
■迫不及待想開瓶時，先選低價的葡萄酒 122
——為速食社會的葡萄酒默哀 124
■有缺點的葡萄酒才有意思 125
——令人留戀的95％成熟度 126
■喝遍喜歡的葡萄酒的全部年份 128
——勃艮第葡萄酒的「職人定價方式」 131
——葡萄酒的釀造方式會隨著價格設定而改變 133
■昂貴葡萄酒有何獨特之處？ 136
——「猜猜哪一瓶比較貴？」毫無意義 137
——葡萄酒越貴越美味，僅限於某個價格區間 139
——不必追逐高價葡萄酒的理由 141

第4章　在風味另一側看見的事物

■比完美葡萄酒更迷人的是？ 144
——葡萄酒是反映出產地與釀造者的鏡子 144
■親臨產地就能理解的「風土條件」 145
——「假行家」心態衍生的假酒事件 147
——與其執著品牌，不如相信自己的味覺 149
■風土條件的魔力 151
——從瞭解風土條件來欣賞葡萄酒的「個性」 152
——凌駕於品種之上的風土特徵信仰 154
——孕育自艱困風土條件的偉大葡萄酒 155
——美國酒的逆轉勝 157
——葡萄酒也是「自己沒有的比較好」？ 158
■「絕對買到賺到」的葡萄酒 159
——風土條件就像是葡萄園的「方言」 160
——風土特徵明確的葡萄酒三聖地 161
■是「天才」還是「怪人」？ 163

——真正有本事的人會知道自己的斤兩 166
■ 釀造技術的進化 167
——新葡萄酒的出現 168
——「古法釀造」值得憧憬嗎？ 170
——無論哪種釀法，先達到基本水準再說 172
■ 頂級葡萄酒都落到了誰的手上？ 172
——無法輕易跨足的葡萄酒製造業 174
■ 各國偏好的葡萄酒類型 175

第5章　為了享受葡萄酒，需要先知道的事

■ 最具代表性9大葡萄品種 180
——1夏多內（白酒） 181
——2白蘇維濃（白酒） 182
——3麗絲玲（白酒） 183
——4黑皮諾（紅酒） 184
——5卡本內・蘇維濃（紅酒） 186

——6梅洛（紅酒） 187
——7希哈（紅酒） 188
——8內比歐露（紅酒） 189
——9桑嬌維賽（紅酒） 190
——寫給初次挑選葡萄酒的你 191
■葡萄酒世界並非只有紅酒與白酒 192
——白葡萄酒與紅葡萄酒 192
——在一餐中享受紅、白酒的方法 194
——粉紅酒 195
——橙酒 196
——氣泡酒 197
——甜葡萄酒 200
■該選擇軟木塞蓋還是螺旋瓶蓋？ 201
——儀式感的誘惑 202
■只要有一個葡萄酒杯就夠了 203
■開瓶後的葡萄酒必須盡快喝完？ 204

──沒喝完的葡萄酒的保存方法 206
■容器會影響酒的美味度？ 208
■斟酒方式與口感的關連性 210
■葡萄酒的顏色與味道 211
■橡木桶和不鏽鋼儲酒槽的差別 212
結語──能夠帶來幸福時光的，就是最棒的葡萄酒 215

第1章

面對葡萄酒，不需要裝模作樣

從零開始就是最好的開始

「如果想成為一流的商業人士，不了解葡萄酒是不行的！」

「說不出半點葡萄酒的知識，還敢說自己有國際觀？」

一臉洋洋得意說出這些話的人並不少見。然而，這真是太荒謬了。

不論是葡萄酒或任何藝術，說穿了都不是人生中不可或缺的事物。沒有也無傷大雅，要說它有益，一時半刻好像也舉不出什麼具體證據。

既不是「非學不可」，也沒有「必須具備相關知識才能生存」，但對於喜愛它的人而言，卻是足以豐富人生的事物。

不過是在邂逅了充滿魅力的葡萄酒之後，「不小心喜歡上了」，如此而已。

即使沒有迷上葡萄酒，就這樣度過一生也不會怎麼樣，說不定還能存到更多錢。但是，**因為與葡萄酒相遇，人生變得更豐富、感到非常滿足。葡萄酒是這樣的事物。**

就像有些人愛樂成痴，於是前往紐約聆聽霍羅威茨演奏會；愛畫成痴，於是造訪義大利的聖塞波爾克羅，來一趟皮耶羅．德拉．弗朗切斯卡巡禮；愛酒成痴，於是搭飛機千里迢迢走訪法國沃訥．羅馬內的葡萄園。

這些行為全都是因為無法壓抑內心滿滿的熱情而「情不自禁」的舉動。雖然**不是什麼值得驕傲的事，但是那股強烈的幸福感，卻是唯有感受過純粹熱情的人才能體會**。就如同巴伐利亞國王路德維希二世被華格納的歌劇深深吸引，雖然在不斷揮霍之下自取滅亡，但就某種意義上來說，或許他因此獲得了更大的幸福。

葡萄酒和藝術一樣，都是令人欲罷不能、深深著迷的事物。

反之，再也沒有比強迫自己學習不喜歡的事物來得更愚蠢的事。先不論喜歡與否勉強不來，將表面的皮毛知識強塞進腦中而沾沾自喜地賣弄，也不過是丟人現眼的行為而已。所以，面對葡萄酒時，請自由享受吧！

品味葡萄酒，最忌諱裝腔作勢

將葡萄酒視為一種「教養」的人，大概永遠都無法享受「喝葡萄酒的快樂」吧。

自然而然愛上音樂的人是幸福的。但如果是「為了不丟臉而刻意學習」音樂或葡萄酒，卻「令人不忍直視」。

我曾經與壽司店老闆聊到關於客人的話題。他說：「就算是第一次進到店內的客人，只要看他掀開暖簾走向吧台的姿態，就能立刻知道這位客人對於壽司熟悉到什麼樣的程度。」舉手投足之間，就被瞬間看透。

我曾因為製作葡萄酒指南的工作，長期與許多人一起試飲過大量的葡萄酒，至今為止見過形形色色的品酒師。長久下來，只要看一個人試飲的姿態，就大致知道對方的品酒能力如何（至少我是相信這點的）。

品酒時，任何細微的行為舉止都會透露出此人的經驗值與功力。品酒經驗不多的人會過度搖晃酒杯，這是因為無法一眼看透葡萄酒本質的緣故。熟練的釀酒師或品酒師擁有瞬間看透葡萄酒本質的能力，往往輕輕轉動杯子，聞香一到兩次就把酒杯放下了。

不經意的表情、酒杯的轉動方式與視線等，在在透露出這名品酒師的熟練度與能力高低。裝腔作勢、偽裝行家的人，只會落得當眾出糗罷了。

不懂葡萄酒，完全不是一件丟人的事。就算一竅不通，只要喝到喜歡葡萄酒後，重複回購同樣的酒，或是好好享受別人推薦的葡萄酒就可以了。

在時代劇中經常看到，劍術高手僅僅是和對手擦身而過，旋即落下一句：「閣下實力高強！」的場景。真正的高手不必拔刀對峙就能瞭然對手的實力。聽說獅子也是在互相咆哮的過程中，就能知道哪一方比較強大，避免無謂的肉搏戰。

我認為，用莫名其妙的「教養」來看待藝術或葡萄酒，才真的是無教養至極。

人人都有機會成為葡萄酒行家

在我開始喝葡萄酒的一九八〇年代，要造訪葡萄酒莊並非一件容易的事情。那是一個就連「開放訪客參觀」、「了解酒廠的運作」、「介紹什麼是葡萄酒」這樣基本的觀光概念都沒有的時代。

當時，釀酒廠不是一般人能夠踏足的場所。因此，每當我閱讀到某位新聞工作者前往知名葡萄酒莊採訪的文章時，總是非常羨慕。

在那個時代，新聞工作者擁有特權，可以到別人無法造訪的酒莊訪問，只要將它寫成報導，讀者就會產生興趣。就像江戶時代去過非洲的日本人，如果有人將誰也沒見過的獅子或大象報導出來，就足以在眾人面前自吹自擂，與此同理。

隨著時代變遷，海外旅行變得十分普及，機票價格也越來越便宜，多數人都能輕易前往國外旅遊。

葡萄酒莊紛紛意識到葡萄酒觀光的重要性而調整形態。如今，拜訪葡萄酒莊的門檻大幅降低，單純的報導也因此失去了價值。

加上現在是網路時代，過去不走進酒廠就無法得到的資訊，現在在螢幕上點擊幾下就能輕易取得。身為新聞工作者的我，也痛切感受到這是一個方便的時代。

單純的採訪報導或者一般性資訊已經完全失去價值，出現了需要加入撰稿者個人見解、想法的需求。不僅是「這是什麼樣的酒莊？」而已，而是「對於這間葡萄酒廠我是怎麼想的」，若不這樣表達就會失去可看性。

與此同時，全世界的葡萄酒產地也增加了。現在已經不是掌握波爾多與勃艮第就等於掌握一切的時代。要訪問遍佈在世界各地的主要葡萄酒產地，實質上來說已經變成不可能的任務。

因此，葡萄酒評家也漸漸專精化。就像一所大學的文學院裡面不是只有世界文學系，而是分成法國語文學系、英國語文學系及中國語文學系一般，葡萄酒也分成法國葡萄酒專家、義大利葡萄酒專家、美國葡萄酒專家等，若不選擇一個地點付出相當的研究精力，便無法追趕上葡萄酒的急遽變化。「百科全書式」的研究方法已經不可行。

葡萄酒愛好者當中，也有人只偏愛其中一個產地，每年趁假期時一次又一次造訪。當閱讀那個人所寫的文章時，就可以知道他具備非常深厚的知識。能夠專一且頻繁造訪自己喜歡的地方，完全無視其他產地，這完全是重度愛好者的特權啊。

相關的新聞工作者若是沒有具備相當的底蘊與見識，就要做好會被葡萄酒重度愛好者嘲笑的風險。現在就是這樣的時代。

拋開既定規則，隨心品味一次

我認為**「葡萄酒文化」帶來的最大弊害，就是其延伸出來的禮儀與規則，讓人難以全心享受葡萄酒**。不論是搭餐或是單純飲用，在繁瑣的禮儀束縛之下，就會綁手綁腳。

談到這個弊害，我總是會聯想到落語的一個經典橋段，叫做「蕎麥麵醬汁」。故事內容是這樣的，有一位對吃蕎麥麵很講究的江戶人，總是頭頭是道主張著「如果把蕎麥麵全都沾上醬汁，就嚐不出蕎麥麵的香氣了。所以在吃的時候只能沾到麵的一寸到兩寸，然後簌簌地迅速把麵條吸進嘴裡，才是吃蕎麥麵的精髓所在！」但是在他死前，當友人詢問他：「你還有什麼遺憾嗎？」他竟然脫口而出：「只有一次也好，我好想在蕎麥麵上沾上滿滿的醬汁來吃啊。」

這是一個愛慕虛榮的江戶人，因為過度追求精髓，而終其一生無法自由自在品味蕎麥麵的悲傷故事，若是沒有被自己的原則給束縛，就能體驗到不同的箇中樂趣了吧。

雖然試過一次沾滿醬汁的蕎麥麵之後，可能會覺得這樣果然太鹹，自動回到只沾一點點醬汁的「精髓」吃法。然而，**盲目講究的結果，只會奪走「嘗試的自由」**。

以這個主角的角度來看，我完全是一個反面教材。不論是喝葡萄酒或用餐，哪怕旁人說得再頭頭是道，我也一律無視，至今都只按照自己的喜好來嘗試。當然也有失敗的時候，但因為自己犯的錯而嚐到苦頭，也是我自己的權利。嘗試過之後，才能發自內心認同規則的用意，或是驗證自己的堅持才是對的。**重要的是，必須自己親自確認。**

若是想將昂貴的紅酒冰鎮飲用，就去嘗試看看吧。若是覺得冰鎮過後，單寧變得具有侵略性，下次不要冰鎮即可。自己試過之後，才不會重蹈覆轍。

那名講究的江戶人，如果試過一次沾了滿滿醬汁的蕎麥麵，也許更能夠貫徹自己的觀點。如此一來，也就不會帶著遺憾過世。

葡萄酒喝錯一兩次也無傷大雅。比起無條件相信別人說的，自己嘗試後體驗到的「正確」才有意義。

首先，從「喝過」開始

大約在一九七〇年代前，有機會品嚐波爾多五大酒莊或羅曼尼康帝酒莊（Romanée-Conti）所產葡萄酒的人，不是百萬富豪，就是提供這些酒類服務的侍酒師。

當時也沒有像現在這樣時常舉辦試飲會，高級葡萄酒是極少數人才能涉獵的世界。如今幸運的是，各式各樣的酒類紛紛出口，已經轉變成只要能付出某種程度的金錢，任何葡萄酒都能自由飲用的時代。線上購物的發達，也使得搜尋葡萄酒變得容易許多。**總而言之，只要出現某款感興趣的葡萄酒，建議你就去喝看看吧**。

再貴的葡萄酒，若能集結到願意一起分攤費用的人，就能以八分之一左右的價格喝到。以「想品嚐一次看看」的理由品飲時，一杯葡萄酒杯的份量已綽綽有餘。

若是非常喜歡那款葡萄酒，再存錢買一瓶細細品嚐。無論哪一種方式，**這是個不試飲就無法開始的世界，希望大家都能毫不猶豫地開啟這扇門**。

以日本來說，進口的葡萄酒種類非常多。明明日本也有很多滴酒不沾、或酒量不好的人，因此葡萄酒的實際消費量並不高，但卻還是有多到令人吃驚的酒進口日本。相信這是拜那些經常收集葡萄酒相關資訊，並且迅速購買高評價葡萄酒的進口業者們的努力所賜。也有許多在當地難以入手的葡萄酒，卻能夠在日本輕易購買到的情況。而且通常葡萄酒在輸送過程中都很小心謹慎，因此不用擔心品質，可以安心飲用。

大多數的葡萄酒生產者也都非常期待能夠拜訪日本，那是因為覺得自己釀的酒受到良好對待，而且也得到適當評價的緣故。

從獲利的觀點來看，當然有比日本貢獻度更高的國家，但是最令職人們高興的，果然還是自己的工作能夠受到肯定吧。

擁有「日常葡萄酒」的幸福

我是開始在義大利生活後才養成喝葡萄酒的習慣。這已經是四十年前的事了。

在這之前，我偶爾也會喝葡萄酒，但都是抱持著「葡萄酒是特殊場合才會喝的高價飲品」的心態。當時的關稅比較高，我想應該很多人都有相同的看法。

相對而言，**葡萄酒在義大利卻是稀鬆平常的庶民飲料**。無論午餐、晚餐，在餐桌上一定會擺上葡萄酒，儼然是用餐的一環。**葡萄酒不僅不特別，甚至沒被當成酒精飲料，以日本來說，大概就像進餐館店員就會送上熱茶一般**。

在日本用餐時，無論是吃烏龍麵、親子丼、還是豬排定食，都會端出熱茶。當時在義大利也是如此，無論吃前菜、義大利麵、魚料理或是肉料理，葡萄酒必定隨侍在側。甚至大學的學生餐廳裡也有供酒，高速公路休息站也理所當然能喝到葡萄酒。

很少人會要求餐桌上的熱茶要多出色，在義大利普遍對於葡萄酒本身的香氣、風味以及品質的要求也同樣不高。大多數義大利人都認為，只要能夠搭配美食，讓食物嚐起來更加美味就足夠了。

當然在當地販售的葡萄酒價格也相當便宜，能夠享受以酒代水的樂趣。以大眾的眼光來看，瓶裝的葡萄酒已經算是高級貨，在一般人常去的義式飲食店，出現的都是注入到酒桶或是玻璃水瓶中，唾手可得的零售酒。

點完餐之後，接著就會被詢問要「白葡萄酒？還是紅葡萄酒？」同時可以指定要0.25L、0.5L或是1L的量。

不是特別受到關注的品牌，也不知道產地及名字，就是經常會在餐桌上，襯托美食與美好時光的「普通」葡萄酒。**不具有出色的香氣或風味，但可以搭配任何一種料理，不會喝膩的葡萄酒。我至今仍然非常喜愛像這樣的葡萄酒。**

日常與特殊場合的葡萄酒

可以自由享受來自不同國家的各種葡萄酒，是一件非常奢侈的事情。不過我認為，即使此生只能喝到自己出生的土地所產的葡萄酒，也是一件很幸福的事情。

因為，日常中根深柢固的東西或多或少就是那些。茶、醬油、醋、米、鹽、砂糖、柴魚、昆布等，種種在老家使用習慣的東西，離家後也會繼續使用下去。甚至也不會多問自己為什麼要選擇那個品牌、那一家廠商。「我們家一直都是用這家的醬油」，就只是這樣而已。

當然也有高級品牌的醬油，以及高級品牌的砂糖等，但總覺得還沒有那麼大眾化。

在傳統的葡萄酒消費國（即傳統的葡萄酒生產國，如：義大利、法國、西班牙等），葡萄酒就是像上述那樣的日常用品。沒有人會花那麼高的金額購買日常用品，因此一般人飲用的葡萄酒價格非常便宜。

就連因出產高級葡萄酒而聞名的勃艮第也是，前往當地超市看看在地人買的酒就可以發現，以廉價的外國產葡萄酒或是南法的酒居多。這就像是在出產許多高級醬油或鹽的日本，也很少人會花數千日圓購買醬油或鹽。

要生產出品質良好的橄欖油，需要耗費相當高的成本，五百毫升要價超過五千日圓也不足為奇。但在義大利或西班牙這些大量消費橄欖油的國家，高價的橄欖油反而賣不太出去。實際走訪當地的超市一看，架上羅列著的是便宜到令人不可置信的橄欖油。

另一方面，如果是非日常用品，即使高價也會心甘情願購買。因為是特別的東西，例如鵝肝與松露，價格再高也沒有人抱怨，寶石昂貴的價格更被視為理所當然。

當然，也有被當作非日常用品的高級葡萄酒，這就是「非日常」的特殊葡萄酒。波爾多、勃艮第、香檳等被稱為「Grand Vin」的高級葡萄酒，它不僅只是用餐的一部分，而是被嚴選出來，可以帶給人喜悅的奢侈品，其地位從古至今都不曾動搖。若要繼續以茶的比喻來說明，那它就不是普通的茶，而是玉露。

在餐廳出現的高級葡萄酒價格不斐，通常比料理還貴。這並不稀奇，因為這樣的葡萄酒不是搭配餐點的佐餐酒，而是餐桌上的主角。

為了享受這些葡萄酒而付出高價的葡萄酒愛好者們，無論是轉動好幾次酒杯，竭盡所能嗅聞葡萄酒散發出的香氣，或者是不一口氣乾完，花費時間慢慢品嚐，都不單單是「想要回本」而已，更因為這是「不珍惜著喝很浪費」的葡萄酒。

日常的葡萄酒與帶來卓越享受的Grand Vin，可說是位於兩個極端，而在兩者之間又有各式各樣不同階層的存在，不妨按照適合自己的「濃淡度」來享受葡萄酒。每個人想透過葡萄酒追求的事物，也會隨著心情與每一日的際遇而不同。

葡萄酒也是在合適的舞台上，才能發揮真正的價值。在日常的餐桌上突然出現高級葡萄酒讓人困惑，在正式場合的宴席上端出日常餐酒，也不免充滿違和感。

就像在平常家裡的餐桌上不會出現費時費工的繁複料理，也沒有人會刻意前往高級料亭吃家常菜，都是同樣的道理。

「每一口都獨一無二」的魅力

品飲葡萄酒時，經常會有這樣的情況發生——「明明是相同的葡萄酒，卻跟之前喝的感覺不一樣」。

我經常與訪日的葡萄酒生產者同行參加活動。大致的行程是週一至週五，一連五天在日本各地一邊移動、一邊推廣宣傳。

中午和同業（批發商、葡萄酒商、餐廳主廚或侍酒師）一起享用午餐，下午參加品飲講座，晚上則和一般的葡萄酒愛好者共進晚餐，像這樣密集的行程不在少數。

品飲的葡萄酒都是現在一定要賣出的最新收穫年份佳釀，因此每天都會試喝三次相同的葡萄酒，等於五天之內試喝十五次。

這十五次當中，每一次喝的香氣和風味都會有微妙的不同。有時候香氣收斂含蓄，有時候散發馥郁果香，引人入勝，每一次給人的印象都不盡相同。

照理說，相同收穫年份的同一款葡萄酒，**在裝瓶的時間點，風味應當是相同的**。但**是在裝瓶瞬間之後，它們會開始在瓶中各自發展**。

因為殘留在瓶中的氧氣量、作為抗氧化劑添加的亞硫酸作用程度、軟木塞狀態的不同、以及保存上微些的差異，都會一點一點在葡萄酒上產生變化。

這些差異將隨著熟成時間越長而越明顯。同一款酒讓它熟成五十年，瓶差就會相當劇烈，甚至形成完全不同的葡萄酒。

此外，也會因喝葡萄酒的場所不同而產生細微變化。像是借用飯店的宴會廳等大房間舉辦的試飲會（通常都沒有喝下去就吐出來了），跟與美食一起享用的葡萄酒，入口後的感官也截然不同。

吃的食物，葡萄酒喝下去時的風味，房間內的空氣及光源，還有與誰一起喝，是誰幫忙斟酒，充滿了各式各樣的變因。甚至也有人主張，葡萄酒的風味會因為天體位置或是氣壓等因素而改變。

這樣看來，葡萄酒根本是毫無穩定性可言的飲品。可樂或啤酒（並非精釀啤酒，而是品牌釀造啤酒）的瓶差或罐差無限接近於零，是因為進行相當萬全的品質管理，確保無時無刻都能享受同一個風味。葡萄酒就沒辦法這樣了。

「偉大的葡萄酒並不存在，只有偉大的葡萄酒瓶而已」經常會聽到這樣的話。即使你非常喜歡現在喝的這款瓶裝葡萄酒，立刻再去買相同收穫年份的同一款葡萄酒，也不盡然會是完全相同的風味。因為「**葡萄酒是有生命的**」，**無時無刻都在變化**。

令人「驚喜」的飲品

去餐廳用餐時，有時會看到侍酒師將客人點的葡萄酒開瓶之後試喝的身影。這是因為無法判斷葡萄酒目前的狀態，必須在為客人斟酒之前先進行確認。

若有從軟木塞而來的異味（也就是木塞味），代表這瓶酒的品質不佳，必須更換一瓶。除了這種狀況之外，陳年老酒可能有過度氧化的問題，新酒則可能出現還原味（在缺氧環境下發生，有點接近硫磺味的劣質氣味）。

葡萄酒若是不開瓶就不會知道它的現狀。

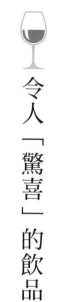

葡萄酒不像可樂或礦泉水，幾乎百分之百能夠提供我們所期待的風味。侍酒師不需要將可樂或礦泉水開瓶試喝，也能夠確保品質令人安心。但反過來說，可樂或礦泉水也無法提供更進一步的事物了。

葡萄酒是即使付出鉅額也可能失望的事物，然而，也可能在毫不期待的狀況下帶來令人驚艷的美好體驗。也曾經發生過被遺忘在地窖的角落，原本以為已經不能喝的葡萄酒，開瓶之後狀態極佳到令人屏息。

對一絲不苟、總是追求相同風味的人來說，可能無法忍受這份不穩定感，因為每次喝的時候，或多或少會有些差異。葡萄酒是一款永遠沒有正確解答的飲品。

我覺得這就好比音樂的現場演奏與錄音檔。錄製好的版本不會失誤，每次都是相同的演奏，總是完美悅耳，總是提供一模一樣的感官體驗。

但如果是現場演奏，就會受到演奏家當天的心情與狀態影響，可能失誤，也有可能更震撼人心。就某種意義來說，提供了比「完美」更深一層的感受。沒有孰優孰劣，僅僅是不同類型的體驗罷了。

每當我將葡萄酒開瓶，聞香，喝最初的第一口時，通常都有些緊張。究竟會是符合期待的滋味，還是落空呢？有時候也意外獲得遠超預期的結果。

葡萄酒不論是好是壞，總是充滿著驚喜。

品味葡萄酒，先掌握大方向即可

雖然說葡萄酒的品質會隨著TPO（時間・地點・場合）而有差異，但，我想請您毋須擔心。

首先，雖說有差異，但也並非變成完全不同的東西。即便全神貫注地品飲，也頂多是隱約發現風味與之前略有不同，僅此而已。

強而有力的葡萄酒，並不會突然變得溫順。風味纖細的葡萄酒，也不會突然變得粗糙。也許有少數人會非常在意那微妙的不同，但葡萄酒基本的資質不會改變。

仔細想想，其實人類也是相同道理。有心情不錯的日子，也有情緒低落的日子，在不同情況下遇見相同的人，也會產生不一樣的感受。

我們也會因著ＴＰＯ或穿著打扮而對人產生不同的印象。平時總是正裝出席的人，突然穿便服見面時，就會給人很新奇的感覺。

葡萄酒和人一樣擁有多變的表情與可能性，每次相聚窺見的，都只是一小部分。

雖然如此，我們也隨著人生的際遇而培養出識人的能力。不被外觀、言語、服裝迷惑，能夠用更為客觀的角度看待對方。

當然也有誤判的時候，但我們也會因此得到教訓而更進步。

想要親近葡萄酒或是人這樣不穩定的事物，不能拘泥於細節，以直覺掌握大方向才是最好的方式。

不了解風味來源也沒關係

透過掌握關鍵字，就能一口氣掌握某些事物的特徵。以葡萄酒而言，這幾個關鍵字就是「石灰土」、「海風」、「陡坡」等。

從「石灰土」可以聯想到香檳或是勃艮第葡萄酒中的優美礦物味；聽到「海風」則會浮現出義大利沿岸地區，或是西西里島葡萄酒的溫順果香與鹽味的微妙差異；談到「陡坡」，大概會聯想到晝夜溫差大、風味銳利的葡萄酒吧。

想像不見得是錯的，這些因素確實給予葡萄酒一定程度的影響。但是需要特別注意的是，葡萄酒並非是「一個問題對應一個答案」的事物。

舉辦葡萄酒講座時，我時常遇到只想知道正確解答的人。「這款葡萄酒的礦物味是從哪裡來的呢？」「這款葡萄酒的強勁風味是從哪裡來的呢？」不斷向我提出諸如此類的問題。

「這款酒的礦物味是形成於白堊紀海中的地層」「強而有力的風味是來自於肥沃的火山土壤」只要得到類似這樣的答案，他們便會露出恍然大悟的滿意表情。

但事實上，那些並非三言兩語就能解釋的問題。的確是白堊土給予香檳優美的礦物味，但是將它提引出來的是寒冷氣候所帶來的酸度。同樣在白堊土，但是在更溫暖的氣候產地所栽培出的葡萄，就感受不到這麼高品質的礦物味了。即使同樣是香檳，也有比較嚐不出礦物味的香檳。

「這是為什麼呢？」對於這個問題，我也可以回答「這是因為在這片葡萄園的白堊土之上堆積了黏土，葡萄的果香味因此更強烈的緣故。」

就像這樣，關於香氣與風味的來源都可以用「似懂非懂」程度的說明來解釋。簡單易懂的答案可以讓人安心。

但事實上，葡萄酒並不像數學公式一般，可以用一個問題對應一個解答去理解。就像是人生的答案也不只一種，所有的解答都是case by case。按照這個脈絡來看是正確的事情，換一個角度看可能就是錯的了。

欣賞葡萄酒「神祕的一面」

葡萄酒的香氣和風味是在錯綜複雜的因素相互作用之下而產生。海拔高度、土壤、氣候、風，許多變因都對葡萄酒有著極大的影響。

要全部了解是不可能的事情。即使在同樣海拔高度，使用同樣土壤的葡萄園，只隔了一條馬路而已，葡萄酒的風味就完全不同。這樣的例子經常發生，但沒有人知道明確的理由。只是憑經驗而言，不論哪一個收穫年份都很明顯有這樣的差異發生。

我在京都出生成長，因此經常被別人開玩笑說「你一定很難相處（京都人有故意刁難、個性很差的刻板印象）。」也許就如同大家所說的吧。

但是，即使我「個性很差」，那也未必是因為我在京都出生的緣故。有可能我天生就「個性很差」，也有可能是家庭環境造就了我「個性很差」，也有一種可能性是在人生當中經歷了許多辛苦，造成性格扭曲而變得「個性很差」。又或者是這些因素交織在一起之後造成的結果也不一定。

葡萄酒也是如此，**正因為各種繁複的因素交織在一起，才得以擁有了繁複的香氣及風味，對於愛好者們來說相當具有魅力。**

簡單易懂可以使人安心，但是「雖然不知道原因，卻被深深吸引」的情感也豐富了我們的人生。如果你持續追求原因，但總是無法獲得絕對正確的解答，那麼，保留下神祕的一部分也很好，不是嗎？

「風土條件」造就特別的葡萄酒

葡萄酒是酒精飲料的一種。在某種意義上，它跟啤酒、日本酒、燒酎、威士忌等酒類一樣，是在餐桌上或是聚會中錦上添花、帶給眾人歡樂的事物。

人們會依照當天吃什麼、那天的心情，決定暢飲啤酒，細細品味葡萄酒，或者小酌威士忌來享受。讓餐點更美味，增添愉悅歡快氣氛，就是我們飲用酒精飲料的宗旨。

因此，酒精飲料最重要的事情，就是「好喝」。好喝的定義因人而異，無法一概而論，但儘管如此，讓大多數人（至少讓在場的大多數人）覺得好喝，是「炒熱氣氛」不可或缺的要素。

葡萄酒有個非常有趣的特徵，那就是即使葡萄的品種相同，也會因為產地、葡萄園的差異而形成迥異的香氣和風味。這就是為什麼葡萄酒能夠強烈反映出葡萄園特徵，屬於一種風土飲品的緣故。各種環境因素讓葡萄酒複雜多變，同時也具有獨特魅力。

當然，所有農作物都會因栽種地的氣候、土壤等因素，造成風味上的差異。就拿新潟的米和鹿兒島的米來說，即使是一樣的品種，風味卻完全不同。馬鈴薯也是，北海道生產和九州生產的風味完全不同。

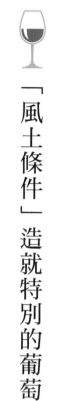

只不過，造成葡萄酒「差異」的領域和範圍劃分得非常明確。一般人即使吃得出來產自北海道或九州的米和馬鈴薯不一樣，但鐵定分不出只相隔一條馬路的兩塊農地上種的作物差別。但這在葡萄酒上，卻是相當稀鬆平常的事情。

知名的羅曼尼康帝（Romanée-Conti）和李奇堡（Richebourg）雖然是相鄰的葡萄酒莊，但羅曼尼康帝的酒擁有典雅與完美調和的風味，李奇堡的酒卻華麗絢爛，擁有各異且顯著的特徵。而那之間的差異，是在製造成葡萄酒之後，才變得連一般人都能輕易分辨不同之處。

直接吃葡萄感受不到，但是製造成葡萄酒之後，卻清楚體會到兩者的不同。這也是葡萄酒最有趣的地方之一。

即使不使用這麼極端的例子，在炎熱產地製造出來的葡萄酒（具有濃厚果香味、酒精度數高、運用經過熬煮的水果），以及在寒冷產地製造出來的葡萄酒（酸度清新、尾韻綿長、運用成熟前的水果），也是很好理解的差異。這就是所謂「葡萄酒會展現出風土條件」之處，是只有葡萄酒才有的顯著特徵。

風土條件（Terroir）指的是該產地或葡萄園的土壤、氣候、當地釀酒傳統等融為一體，所醞釀出僅屬於那個產地或葡萄園的個性、特徵。讀懂葡萄酒背後的風土條件，對於葡萄酒愛好者們來說是極為龐大的魅力。

但是，**即使葡萄酒具有可以展現風土條件的表現力，但在喝葡萄酒時，完全沒有必要對此表達評論。**

對沒有興趣的人來說，風土條件壓根不具任何價值。在繁忙的生活中，單純只想將葡萄酒當好喝的酒精飲料，並不想從葡萄酒身上讀到任何訊息的人，比比皆是。請避免犯下向這些人高談風土條件，淘淘不絕講述葡萄酒話題的蠢事。

風土特徵葡萄酒VS品種特徵葡萄酒

歐洲釀造及消費葡萄酒的歷史悠久，是最大的葡萄酒產區，也是最大的葡萄酒消費國家。**由於葡萄酒的風土條件相當受到重視，因此會以產區來幫酒命名。**

波爾多（Bordeaux）、勃艮第（Burgundy）、奇揚第（Chianti）、巴羅洛（Barolo）、利奧哈（Rioja）等，全部都是以產區來命名，很少將葡萄品種標示在酒標上，表現出比起葡萄品種，歐洲人更重視風土條件的民情。因此，這些葡萄酒也被視為風土條件釀造的酒。

這個系統已經假設消費者是相當了解葡萄酒的群眾。因為長年身居產地，一提到波爾多或是奇揚第，大致都能分辨得出風味。若非如此，就無法發揮身為商品的機能了。

另一方面，新世界[1]的新興產地葡萄酒，也就是新興葡萄酒消費國家所釀造的酒，**即使說出產區名稱，消費者也無法直觀想像，因此酒標上標示的是葡萄品種。**

只要說出夏多內（Chardonnay）、梅洛（Merlot）、卡本內蘇維翁（Cabernet Sauvignon），消費者就可以透過這些品種的特徵，了解葡萄酒是什麼風味。

這種情況下，若不釀造出確實帶有該品種特徵的葡萄酒，就會無法符合消費者的期待。因此，這種葡萄酒多是使用特定品種的葡萄釀造。

風土條件或特定品種釀的酒沒有好壞，而是導入方式的不同。新世界最近也增加了許多重視風土條件的生產者。

1 註：指美國、南美洲、澳洲和南非等，釀酒歷史較歐洲較短的葡萄酒產區。

符合當天心情的就是好酒

偉大的葡萄酒並不一定總是好喝。

由於我從事葡萄酒相關的工作，因此時常有幸品嚐價格高昂的酒，但我個人還是比較喜歡日常的葡萄酒。

我在義大利從事撰寫葡萄酒指南的工作約有十年。有一次在四月到八月期間，我必須一口氣品飲完指南裡預定一年後會開賣的酒，並且給予評價。每天試飲高達一百種不同款的葡萄酒。

品飲過後的午餐時間，會喝到當天試飲過的葡萄酒。這些葡萄酒都已經開瓶，如果不喝，最後的下場也是被丟掉，也就是說，每一款都讓我們喝到飽。

當時大多是四至五人一起用餐，但大家在午餐時想喝的，通常不是擁有高評價的頂級葡萄酒，而是貼近日常的餐酒。也就是說，明明一瓶十萬日圓的葡萄酒擺在眼前，卻總是不那麼昂貴的酒更受歡迎。

一次品飲多達百種的葡萄酒其實相當疲勞，午後還有需要統合葡萄酒評論的會議在等著大家，因此午餐時間格外想要放鬆。此時，主角級的偉大葡萄酒就非常不合適登場，我們需要的是可以搭配餐點的溫順葡萄酒。

偉大的葡萄酒非常優秀，但是需要集中精神才能感受它的美好。假設時間、精神上沒有足夠餘裕就不會想喝。

這就像是經歷一整天高強度的勞動，筋疲力盡時，不會想去閱讀馬丁・海德格（德國哲學家）的著作一樣，不會想去開瓶拉圖酒莊（Chateau Latour）出產的高級葡萄酒。

如果是有餘裕的週末，當然也會興致勃勃與偉大的葡萄酒交流。但是，我並不想每天都喝它。

年輕時曾經拜讀過海伯特・馮・卡拉揚[1]的訪談，提到這樣一段話：「（我雖然想要每天都過得很特別，但是）多數人無法忍受每天都過得很特別。」即使在日常生活中也全心追求不凡，這段卡拉揚所說的話，深刻留在我的記憶當中。

我與卡拉揚不同，是無法忍受每天都很特別的凡人。如果連續幾天吃米其林三星法式套餐，就會不由自主渴望素麵。葡萄酒也是，我喜歡那種能夠搭配每天的生活，不那麼昂貴的酒款。

需要大量試飲葡萄酒的日子，晚上我通常會選擇樸實的在地義式小餐館用餐，一邊喝著樸素的地方產葡萄酒。**這些沒有被寫進葡萄酒指南中的無名葡萄酒相當美味。**

雖然也有被偉大葡萄酒感動的時候，但我認為像那樣平實的夜晚，「不需任何感動或評論，能夠放空飲用」對我而言才是奢侈的美好時光。

人生苦短，即使一餐也不能浪費，一定要喝偉大的葡萄酒才行！成天受到這樣的執念束縛而無法開心享受普通的美食和美酒，沒有比這個更愚蠢的事了。

結論是，無論食物或是酒，都是符合當天心情才對味。人生，也會有覺得幾百元的

葡萄酒比上萬元葡萄酒還要美味的日子。

黑澤明或是盧契諾．維斯康堤[2]的電影都富有戲劇張力，打動人心，我非常喜愛他們的作品。而成瀨巳喜男或是艾力．侯麥[3]的電影雖然沒有戲劇性展開，而是平淡描寫日常生活，但這種利用豐富光影創造多樣化的感受，我也非常喜歡。

愛得死去活來的戀情很好，老夫老妻的平淡也令人憐惜。我很喜歡這樣的葡萄酒飲用方式。

1 註：卡拉揚，著名的奧地利指揮家，曾任柏林愛樂樂團首席指揮長達34年。

2 註：黑澤明，是日本傳奇性的國際級導演。盧契諾．維斯康堤，義大利電影與舞台劇導演。

3 註：成瀨巳喜男，日本電影導演，也是昭和時代的重要導演。艾力．侯麥，法國電影導演、影評人、記者、作家、編劇與老師。

你的毒藥，可能是我的蜜糖

「請你改正缺點，發揮優點。」這是我們常從師長口中聽見的話語，但事情並沒有這麼簡單。因為在大部分的情況下，優點與缺點屬於一體兩面。

急性子是缺點，但是工作迅速就是優點。不合群是缺點，但是堅持己見、不輕易妥協卻是優點。也就是說，依照不同的角度來看，它可以是缺點，也可以是優點。

葡萄酒也是，優點與缺點之間緊密相連，難以切割。

香檳那異常高的酸度，站在白葡萄酒的角度來看也許是缺點，但從需在酒瓶中進行二次發酵氣泡酒來看，酸度就變成了強項。

波爾多紅酒那尚未成熟的單寧，也許會帶來生青味和不順暢的口感，但卻是熟成之後，要保持葡萄酒新鮮度不可或缺的一員。單寧適合長期熟成的紅酒，能夠在三十年後或四十年後發揮它真正的價值，這就是優點。

世界上沒有毫無缺點的人，也不存在毫無缺點的葡萄酒，然而那個缺點，也有可能同時是優點。

像是「橡木桶味道太濃」或是「揮發酸含量太高」等，都有可能是葡萄酒的缺點，但是也有人喜歡橡木桶味道濃郁的葡萄酒，而揮發酸含量太高的葡萄酒，因為香氣馥郁，也有一票支持者存在。

好幾年前我去西西里島取材的時候，有一名中國籍新聞工作者對我說：「西西里香氣黑手黨（Cerasuolo di Vittoria）一點也不濃厚，也感受不到橡木桶的香氣，為什麼會被認定為葡萄酒等級中最高的一級呢？我真的很難理解。」對他來說，散發出橡木桶香氣且相當濃厚的葡萄酒，才是高級葡萄酒。

活躍於義大利托斯卡尼（Toscana）傳說中的神級釀酒師朱利歐・甘貝利（Giulio Gambelli），他所釀造的葡萄酒通常揮發酸含量高，因而香氣馥郁，非常魅惑人心。

葡萄酒不論香氣或是風味都非常多樣化，適合各種不同喜好與風格的人。只需要去享受它，不要去碰不符合喜好的酒款即可。

有一種酵母名叫酒香酵母（Brettanomyces），它會污染葡萄酒，讓葡萄酒散發出馬廄般令人反感的氣味。它是個麻煩的存在，令釀酒師們避之唯恐不及。但是有一段時期，以波爾多的紅酒為中心，有相當數量的紅酒在製造過程中被酒香酵母污染。後來也有些人認為，如果只有少量，反而能夠為葡萄酒增加複雜度（雖然我不這麼認為）。在以前明顯是個缺點，但是到了現今，少量酒香酵母卻成了優點。

我曾和一位法國的調香師聊過天。她說：「並非把好聞的香調組合在一起就是優秀的香水。很多時候反而是將好幾種好聞的香調，再加入極少量難聞的香調，才能製作出更優秀的香水。」

人也是一樣，並非品行端正、毫無缺點的人才是最有魅力的。帶有一些缺點，才像是個人，也才有吸引人的地方。

純粹的光並不完美，加上一點陰影，反而更具立體感，更有魅力。這點不僅僅適用於香水上，也適用在葡萄酒與人身上。

我在從事撰寫葡萄酒指南的工作時，會盡可能避免提及自己不喜歡的葡萄酒款。我選擇竭盡所能地，將喜歡的葡萄酒款特徵及個性傳達給更多人。帶有粗獷果實香氣的葡萄酒，不會受到喜歡協調優雅葡萄酒的人喜愛，但喜歡野性風味葡萄酒的人卻會對這款酒愛不釋口。

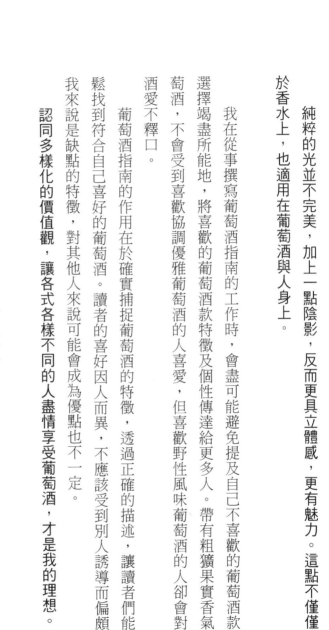

葡萄酒指南的作用在於確實捕捉葡萄酒的特徵，透過正確的描述，讓讀者們能夠輕鬆找到符合自己喜好的葡萄酒。讀者的喜好因人而異，不應該受到別人誘導而偏頗。對我來說是缺點的特徵，對其他人來說可能會成為優點也不一定。

認同多樣化的價值觀，讓各式各樣不同的人盡情享受葡萄酒，才是我的理想。

葡萄酒指南與葡萄酒的本質

如果在履歷寫下「我出生於A縣，畢業於B大學法律系，進入C公司後擔任業務一職至今，興趣是閱讀和旅行。」」，看完好像了解這個人，但其實什麼都不了解。

這時，如果有熟識的人跳出來說：「他是個討人厭的傢伙。」或是「他是個還不錯的人。」的話，反而更能了解這個人的本質。

「她是一位一絲不苟的人」或是「他有些地方蠻沒禮貌的」，像這樣的描述比履表更能傳達這個人的為人處世。

葡萄酒也是如此，「這款葡萄酒呈淡麥桿色，帶有透明感。在茉莉花氣息中蘊含著青蘋果及未熟透的洋梨香氣，中度的酒體有著尖銳的酸度，尾韻細長耐喝。」聽到這樣的描述時，會有一種好像懂這款酒的感覺，但是當被問到：「那麼這是一款怎樣的葡萄酒呢？」時卻又啞口無言。如果只敘述對葡萄酒的印象，就無法捕捉到它的本質。

如果聽到「這是一款能滿足感官、喝起來愉悅的葡萄酒，非常吸引人。」或是「這是一款銳利，擁有如同被拋棄般冰冷感受的葡萄酒。」會不會反而更好理解？

竭盡所能用少量的言語，讓更多人能夠進一步揣摩葡萄酒的本質，才是我理想中的葡萄酒指南。

葡萄酒排名值得參考嗎？

我曾經和葡萄酒指南的夥伴們幻想一件事，那就是：「想製作一本不需要分數的葡萄酒指南。」因為我們都非常討厭為葡萄酒評分這件事。

這個人95分，這個人80分，就像這樣，**想像自己對著所愛的人們一個一個打分數並且做出評價，就能夠理解這是多麼令人厭惡的事**。對著自己所愛的葡萄酒打分數並且做出殘酷的評價，這件事情對我來說伴隨著極大的痛苦。

如果可以，我想使用這樣的文章來傳達葡萄酒的本質：「這款葡萄酒雖非強而有力，卻非常纖細，尾韻細長耐飲。層次感豐富，入喉複雜度會漸漸出現，我想將它推薦給您，請務必嘗試看看。」

而且，**92分與93分之間的差異非常曖昧，全都是憑個人的直覺判斷，毫無客觀的根據**。**我覺得這是非常馬虎的方式**。

但現實面而言，沒有分數是不被允許的事情。沒有為葡萄酒評分的葡萄酒指南賣不出去。大多數讀者對於詳細的描述沒興趣，也不會仔細閱讀內容，只著重一目瞭然的分數。95分的話就買來試試看，82分的話就不買，大概是這樣的狀況。

就如同我前面所述，葡萄酒的種類及特徵非常豐富多樣，而且不同消費者的喜好也都不一樣。就某種意義來說，**正確評論是不可能的事**，所以人們才會選擇避開麻煩，追求能夠迅速顯示出評價的分數吧。

以分數標示評價的方式，在尚未非常習慣喝葡萄酒的新興市場具有一定的影響力。但如果是年紀輕輕（在義大利及西班牙通常是從兒童時期開始）就開始接觸葡萄酒的歐洲消費者，相對來說更清楚自己的喜好，因此不太會被分數影響。

米其林指南也是如此，二星與三星的差別並不明顯。

但是，對於餐廳來說就是天差地別了。餐廳業者們一致表示：「得到二星沒什麼意義，獲得三星就能改變人生。」得到三星之後預約絡繹不絕，掉到二星之後就門可羅雀。甚至還有大廚因為受到失去三星的恐懼而自殺。

米其林指南成功的原因正是因為評價曖昧。與其他的餐廳指南比起來，米其林的描述少得出奇。直到前一陣子幾乎是完全沒有任何描述的。升格為三星的理由，或是降格為二星的理由，完全都不公開，因此也引來各種爭論不休。

「那間餐廳給三星太多了吧，我無法接受。」或是「我無法理解為什麼那間餐廳失去三星資格，對我來說那是全世界最好吃的餐廳啊！」大家都會討論得非常起勁。這些都正中了米其林的下懷。無法接受評分曖昧的人越多，**星星的重要性就增加了**。我曾經擔任十年義大利Gambero Rosso《紅蝦評鑑》餐廳指南的神祕客，這本指南有半頁的記述欄位，因此只要充分閱讀，就能知道為什麼一些餐廳會獲得高達92分的高評價。

但是，像這樣的餐廳指南始終敵不過米其林。大多數的消費者沒有耐性仔細閱讀內容，了解這是一間怎樣的餐廳。餐廳的特徵或類型怎樣都好，他們對於這間餐廳是二星還是三星更感興趣。對於這樣的消費者來說，沒有比單純的分數評價更有效的指標了。

葡萄酒生產者的話，不能照單全收

近年來日本的葡萄酒生產者逐漸增加，可以聽他們分享的機會也增加了，但是將他們說的話照單全收，我覺得不太妥當。釀造葡萄酒的人不見得很會評論葡萄酒。這件事情在廚師，甚至是藝術家身上也同樣可見。

創造事物的人根據自己的信念，將自認為最棒的葡萄酒、料理、藝術品創作出來。這件事與在廣泛的文化脈絡中確立作品地位，以及對作品做出確切評價並無關連。大多數的情況中，創作者們也沒有這樣的能力。因為這是學者及研究家的工作，不是創造者的工作。

畢卡索在他人生當中的每個時期創作出自己的最佳畫作，但人們不會因此認為畢卡索必須具備評估自身作品在當代美術潮流的落點和地位的能力，我想畢卡索也對那樣的工作沒有興趣吧。

對葡萄酒生產者來說也是一樣，活用自己擁有的酒莊特徵，釀造出自己認為最棒的葡萄酒，並不需要考慮這款葡萄酒會在產地或世界上佔據什麼樣的位置。

創造者未必是最佳的評論者。

以音樂為例，就像是作曲家以一邊指揮、一邊彈奏的方式演出。我曾經聽過史特拉汶斯基親自指揮自己創作的《春之祭》以及《火鳥》，那是一場非常淡漠的演奏。也許這才是它本來應該有的形式，但多數人更喜歡布萊茲指揮、具有抑揚頓挫的演奏。比起史克里亞賓自己演奏自己創作的作品，也有許多人更熱愛霍羅威茨的華麗演奏。創造者，未必能做出最好的詮譯。

葡萄酒也是一樣，比起生產者竭盡全力釀造出來的頂尖酒款，我更喜歡輕鬆釀造出來的、不那麼高檔的葡萄酒。

如果將這些話對生產者本人說，雖然會傷害到對方的心，但是這也沒辦法。即使是歌手也不能保證自己的得意之作一定熱銷，有時候反而是放在B面的歌曲（在黑膠唱片時代，通常會將主打歌曲放在A面，將次要或附加歌曲放在B面）大受歡迎。

再說，生產者為第一利害關係者，理所當然要藉由生產及販賣葡萄酒維持生計。因此，消費者必須避免盲目思考，也不該一字不漏相信生產者的言語。除非對方是你非常親近的好友，不然他絕對不會說出對自家產品不利的話來。

我的作法是，**我會向生產者詢問這間酒莊是什麼年份建造的，擁有幾公頃的葡萄園等基本資訊，至於像是關於葡萄酒的特徵或是評價，我會想著「原來釀造者是用這樣的概念來釀酒的」，將生產者的意見只當作參考用。**就像是在閱讀落語家或是演員所寫，分析他們自己表演的文章是一樣的。

別被葡萄酒的偉大傳說給唬了

說到拿破崙熱愛的葡萄酒，最知名的便是熱夫雷尚貝坦（Gevrey-Chambertin）。當時不論什麼酒都能輕鬆到手的拿破崙，這樣的他所喜愛的葡萄酒，想必是最頂級的葡萄酒吧。人們可能會這樣想，但事實上這並沒有公信力。

因為拿破崙既不是美食家，也不是葡萄酒專家。其實很容易可以想像，身為工作狂

的拿破崙，應該沒什麼時間可以好好用餐，大概也很難有專心品酒吃飯的餘裕吧。

假設是十九世紀法國知名美食家布里亞-薩瓦蘭喜愛的葡萄酒也就算了，但如果是拿破崙，就需要三思了。只不過，像這樣憑空捏造的故事卻意外吃得開。

「義大利人去的義大利餐廳一定很好吃」，為什麼？所有義大利人都是美食家嗎？我以前曾經在羅馬聽到有位義大利人這樣說：「這家日本料理店有很多日本客人，口味一定掛保證。」簡直就像所有日本人都是美食達人一樣。

當然有很多本國人聚集的餐廳，有可能料理確實道地，但也有可能只是方便交換資訊，或者是服務相當周到。照這麼說來，若要說義大利人會去的餐廳就是美味的餐廳，那麼全義大利的餐廳及小餐館大概都很美味吧。

像這樣**聽起來很理所當然的「無稽之談」都很危險**。

稍微離題，說到這裡，我想到佐村河內守[1]的槍手問題。被譽為是「全聾的作曲家」、「現代貝多芬」而聲名大噪的佐村河內守，後來被踢爆他多年來的作品其實是由槍手新垣隆代為創作，而且佐村根本不是聾人。

以佐村河內守名義首演的《第一號交響曲「廣島」（HIROSHIMA）》並非一時之間的熱潮，實際上確實是非常優秀的作品。但是，讓他爆紅的主要原因，卻是《NHK

特集》播出的紀錄片《靈魂的旋律：失聰音樂家》，片中介紹了在困難與奮鬥中掙扎痛苦的作曲家，這樣一個憑空捏造的故事的緣故。

優秀的樂曲不需要傳說故事抬轎，本身就擁有非常高的價值。如果因為捏造了故事，反而使作品原本的價值受到輕視，就是一件非常可惜的事情了。

然而，無論《第一號交響曲「廣島」》是由佐村河內守還是新垣隆作曲，樂曲本身的價值並不會改變。此外，無論佐村河內守的耳朵聽得見還是聽不見，也都不會對樂曲的價值造成任何影響。

同理，放在葡萄酒莊上來看，無論生產者是克服萬難釀造出的酒，還是輕鬆開心釀造的酒，這些都與葡萄酒的品質一點關係也沒有。

我們經常會聽到像是「整個家族團結一心，在地中海沿海崖邊開闢梯田、種上葡萄藤，是在非常艱困的狀況下誕生的葡萄酒」的故事。當作「故事」來看的話頗有意思，但是這並不會對葡萄酒的品質造成任何影響。經歷辛苦之後才釀造出來的酒，並不會加倍好喝。**關於葡萄酒的品質，杯中物就闡明了一切**。

經常出現在歐洲歷史當中的葡萄酒，大多都擁有豐富的小故事。像這樣的「故事」雖然非常有趣，但與我們現在喝的酒好不好喝沒有關係。**唯有從當下杯中的葡萄酒中感受到的，才是真實**。

葡萄酒用布遮住，還有可能透過品飲略知品種或產地，但不管喝再多，也無法得知這款酒是否是受拿破崙喜愛。

從這層意義上可以得知，與葡萄酒直接產生連結的是品種和風土條件，而非小故事。那僅僅是定位在裝飾品層級的穿鑿附會而已。

1 註：佐村河內守，日本作曲家。因謊稱自己失聰仍堅持作曲，曾一度被譽為「日本貝多芬」。

迎接有葡萄酒的日常

我經常感嘆，足球或橄欖球，大家都一窩蜂在世界盃期間化身狂熱球迷，但當賽期一過熱度就一口氣下降。因為，在世界盃期間熱烈追賽、隨著勝敗一喜一憂的，是為了幫自己國家球隊加油的粉絲，而不是熱愛足球或橄欖球這個運動本身的粉絲。比起運動項目，熱愛「支持加油」與「一體感」的粉絲來得更多。

因此當盛事結束後，自然對日常的聯賽失去了興趣。比起認真享受比賽過程的人，有更多人只是在等待進球得分的瞬間，與其說是熱愛運動，不如說是期待自己國家球隊能獲勝而已，無論場上是足球、橄欖球、排球或是其他任何運動都可以。

真正熱衷於某種運動賽事的粉絲，當然也會有支持的球隊，但是比起偏愛的球隊獲勝，他們更期待的是一場精彩的比賽。他們期待的是屏氣凝神、帶著緊張感的球局，以及即使是敵方陣營也想看見的、令人印象深刻的球技戰術。比起勝敗，他們更在意的是如何攻防。他們喜愛的並非「為球隊加油」而是「比賽本身」。

這樣的粉絲在世界盃結束之後也不會捨棄足球，連聯賽也會特地去看。他們眼中的體育競賽不是一時的祭典，而是一項永不結束的競技。無論是哪個領域，都有必要培養像這樣的粉絲。

葡萄酒也是一樣，**不將品酒當作特殊活動，而是在日常生活中喜愛著葡萄酒的細微差異及風味，對於這群愛好者，有必要更慎重地對待他們。**

並非因為「拿破崙喜愛」才去喝尚貝坦，而是因為尚貝坦的風味而愛上這款葡萄酒的愛好者。不被葡萄酒的價格或名聲左右，確實擁有自己的喜好，這些才是真正支撐著葡萄酒的一群人。

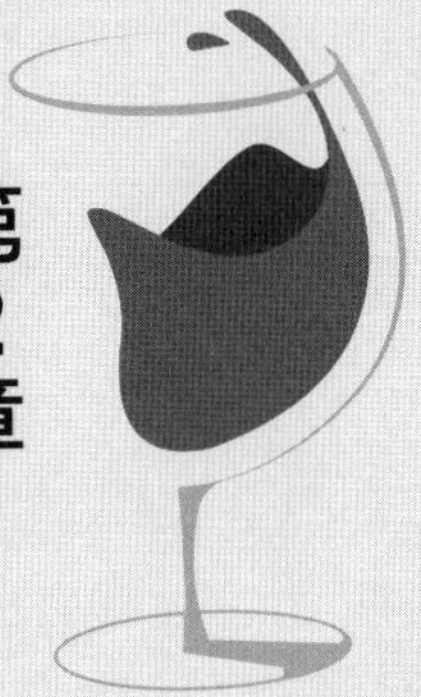

第2章

找到專屬自己的享酒方式

從不同面向品味葡萄酒

經常有人詢問我：「葡萄酒應該要怎麼喝比較好？」當然是按照喜好來喝就好，沒有特別的規矩。但是葡萄酒有幾個特徵，事先掌握的話，就能更容易尋找到專屬於自己的享受方式。

享受風味的變化

開瓶之前的葡萄酒，基本上還未接觸到氧氣，但只要**開瓶之後，就會一口氣接觸空氣（氧氣），使香氣與風味急速改變。葡萄酒熟成的時間越長，接觸氧氣後的變化會越強烈，在倒入酒杯之後，又接觸到更多氧氣而加劇變化**。

熟成到一定程度的葡萄酒，在我們享用美食的兩到三小時之間會持續產生顯著的變化。一開始香氣還有些閉塞，風味也略感僵硬，但過了十分鐘之後，就會開始散發出馥郁的香氣，濃濃的花香及果香漸漸浮出，風味也變得順口，這個過程往往令葡萄酒愛好者興奮不已。

若葡萄酒一次喝不完，就放到隔天再喝，享受更加不同的變化。**隔日的葡萄酒變得更美味也不稀奇**。

但像是在餐廳點杯裝葡萄酒時，就無法享受這樣的變化，我覺得有一點可惜。

享受香氣

若是想細細感受葡萄酒香，不想太快喝完，那麼就在飲用之前好好嗅聞。

若是對香氣不感興趣，想立刻喝一口、品味口中的風味也無妨。在餐桌上熱烈聊天時，有時也會忘記葡萄酒的香氣吧。即使如此，只要喝了之後覺得好喝的話就好了。

想要享受葡萄酒香氣的人，推薦可以選擇稍微大一點的葡萄酒杯。杯緣稍微向內側窄縮的鬱金香形狀（被視為適合波爾多葡萄酒的酒杯）是最適切的，這種杯形能適度地將香氣聚攏起來，也能品嚐到均衡的風味。也有人使用這個葡萄酒杯飲用所有的葡萄酒（也很適合氣泡酒）。

若想要享受更加釋放的葡萄酒香氣，**選擇氣球形狀（被視為適合勃艮第葡萄酒的酒杯）為佳**。葡萄酒接觸空氣的面積變大，有利於釋放酒香。只是對於香氣的重視程度會隨著飲用者的喜好而異。

喜歡葡萄酒的人經常會做的一個動作，那就是搖晃酒杯、享受香氣帶來的樂趣。只是，過度搖晃酒杯會讓葡萄酒噴濺出來造成別人的困擾，需要小心注意。

也有人將葡萄酒喝入口中之後，不直接吞嚥，而是稍微讓葡萄酒在口腔中流動，感受更多香氣與味道。

在試飲的時候，我們會將葡萄酒含入口中，發出咕嚕咕嚕像是漱口的聲音，但是若在餐桌上做出這樣的行為，會令旁人感到不適。在專業的試飲時，我們也會讓空氣進入口中發出嘶嘶聲來喝，但是這個動作最好不要出現在餐桌上，因為即使不做這些事情，應該也能夠充分了解葡萄酒的風味。

在非特定場合中做像這樣「貌似專業的品酒」很丟臉，真正懂酒的人即使不用做這些事情，也有能在一瞬間判定出基本好壞的能力。

不論用哪一種方式，葡萄酒都是為了能讓用餐時光更開心盡興而存在，盡量不做出讓同桌的人感到不愉快的事情，是最低限度的體貼。如果不想要這樣遷就的話，那麼就一個人用餐吧。

環境會影響風味

偽葡萄酒通對於品酒環境有許多令人厭煩的要求，像是「空氣不乾淨就沒辦法試飲」啦，「背景音樂太吵沒辦法集中精神」啦，「一定要按照順序喝才行」等等，總而言之就是煩人的規則很多。甚至還有認為「燈光也需要講究」的人。我認為這全都是他們自己造成的問題罷了。

當然試飲時，**能夠在乾淨的空氣、安靜又柔和的光線下，按照合適的順序來飲用是最理想的情況**。

但是就跟人生很難湊齊所有理想條件一般，試飲也只能在現有條件下進行。**只要自己能夠專注在杯中的葡萄酒，就能克服大部分的問題**。

我曾經被招待去過義大利最知名，被譽為是「傳奇釀酒師」的賈科莫・塔吉斯（Giacomo Tachis）家中作客。當時他對我說：「我帶你去看看我平常喝酒的地方吧。」遂將我帶到廚房旁邊一處放置了洗衣機的房間。

那裡有水龍頭和洗手台，因此要吐出葡萄酒或是洗酒杯都很方便，但，絕對不像是一個最好的品酒環境。他微笑著對我說：「這裡是最能讓我靜下心來的地方。」簡直就是弘法不挑筆（指技術更勝於工具）啊。

我因為葡萄酒指南的工作，曾經在各式各樣的環境中品飲。由於需要在一週內喝遍千種以上的葡萄酒，要找到能夠安放這些酒的場所也需要費一番功夫。

大多時候都是向飯店或是餐廳商借會場使用。由於不是付錢租用，而是出自於對方好意的協助，我們也不能提出什麼任性的要求。因此即使在非常惡劣的環境當中，我們也必須照常試飲。有在飯店的大廳一角圍出一塊區域過，也有像是倉庫般的場所，有嘈雜的宴會廳隔壁，也有菸味濃烈的房間。

當然也有影響品飲判斷的時候，但只要努力專注，還是能夠達到90％的精準度。與其強求不可能出現的理想狀況，不如在現有的環境中盡自己所能享受。

相信第一印象與直覺

撰寫葡萄酒指南的工作中，一天大約要試飲一百到一百二十種葡萄酒。我經常會被問到：「一次喝那麼多種葡萄酒，還能準確判斷最後喝到的葡萄酒嗎？」的確如他所說，這才是最重要的重點。嗅覺和味覺會漸漸疲勞，需要找出即使喝了百種葡萄酒也不會降低判斷能力的方法。

一般生產者大多會試飲六到十種葡萄酒。集中精神試飲十種酒並不是大問題，然而

若要聚精會神試飲百種不同的葡萄酒，大概喝到第二十種左右，判斷力就會大幅下降。如此一來，就會造成一開始與最後試飲的葡萄酒判斷基準不一，這就非常糟糕了。

因此，若說在試飲十種葡萄酒時，會在所有葡萄酒上注入百分百的精力，那麼試飲**百種不同的葡萄酒時，一開始只要使用七到八成的精力即可。如此一來，就能從最初的第一杯到第一百杯，都保持優秀的判斷力。**

試飲十種葡萄酒如果用短跑來比喻，那麼**試飲百種葡萄酒就是馬拉松了。**有的選手在馬拉松比賽中，一開始就全速衝第一，到了中段用盡力氣，排名就掉了下來，為了避免這種情況，必須將能量均等分配才行。

雖然也有考慮過增加品酒師的人數，控制在每個人一天負責十五種酒，就能解決問題了。然而，要尋找到一位能夠信賴的品酒師，真的是極為困難的一件事。

因此，我們每年將五萬種不同的葡萄酒樣品分給八個人試飲。可信賴的品酒師即使只花八成精力試飲，也比不可信賴的品酒師全力以赴試飲更令人安心。

我在從事葡萄酒指南工作時學習到的技能是，如何瞬間判斷葡萄酒。**不論多複雜的葡萄酒，我也能在一瞬間捕捉到它的本質。這是一件非常重要的事情。**

越是一流的釀造家或生產者，試飲的速度越快。用力把杯子搖晃好幾次的人是不熟練的人。通常以第一印象與最初的數秒來決定勝負，思考太多才開始試飲的話，就會有許多誤判的情況發生。

在侍酒師競賽中的盲飲品評（在不知道葡萄酒品牌、酒款的情況下，僅憑試飲來推論的考試）項目中也是，一開始說A，重新思考後改變主意成B的情況比比皆是，大部分都是最初的回答比較靠近正確解答。越搖晃酒杯，就越容易陷入迷惘。

看人的時候也是，沒有比第一印象與直覺更準的了。有時候聽太多對方說的話，或是耳聞一些傳言之後，反而會增加錯看對方的可能性。

貫徹自己的品飲風格

託工作的福，讓我能有幸與形形色色的釀酒師、生產者、新聞工作者一起試飲葡萄酒，也見識過五花八門的試飲方式，非常有趣。

勃艮第的傳奇釀酒師Lalou Bize-Leroy試飲時，雙手就像捧著一隻惹人憐愛的小雛鳥般，輕柔地包覆著酒杯，淺淺地啜飲。法國知名新聞工作者Michel Bettane則會先含住一大口葡萄酒之後，再一口氣吐出來。義大利的葡萄酒帝王Angelo Gaja習慣先稍微聞香之後，將極少量的葡萄酒含入口中，並抿起雙唇，讓葡萄酒在舌尖上流淌之後嚥下再敘述感想，而且不會再喝第二口。

雖然每一位試飲的方式不同，卻都具備了一流品酒師的風範，具有相當的說服力。這與茶道、花道或是舞蹈上，名人的舉止格外優美是一樣的道理。**這是經過不斷摸索、反覆嘗試，在漫長的經驗當中找到最適合自己的試飲方法之後，不斷精進磨練出來的做法，沒有多餘動作，有如行雲流水般流暢。**

打棒球也是一樣的道理。不論是稻草人式打擊法、鐘擺式打擊法或是其他奇怪的姿勢，只要是能擊出安打或全壘打的打法，看起來就不同凡響。

因此，**沒有所謂的正確品飲方式。只要對自己來說是適合的就可以了。**即使乍看之下光怪陸離，但貫徹自我才是最重要的事情。

「盲品」喝不出來是理所當然的

在侍酒師的考試中，有一個項目是會將葡萄酒的品牌、酒款隱藏起來，讓參賽者透過試飲推論使用的葡萄品種、產地、收穫年份等，被稱為「盲飲品評」。透過這個競賽我了解到，**即使是在嚴格考驗中脫穎而出的侍酒師，也幾乎沒有人能答出正解。**

從某種意義上來說，這是理所當然的事情。因為這完全是在強人所難。

首先來說關於葡萄品種的部分，若是能直接顯現出品種特徵的特定品種葡萄所釀造的酒，至少比較容易推論出來。像是新世界低價格帶的白蘇維濃（Sauvignon Blanc）等，就能輕易辨認出來。但是以風土釀造出的葡萄酒，比起葡萄品種特徵，更顯現出的是風土差異，因此有時會不知道使用的葡萄品種是什麼。

即使都是種植夏多內（Chardonnay）的葡萄園，也會有香氣意外濃郁的夏多內，若不是事先就知道的話，根本猜不到。

接著來說葡萄酒產地。清楚顯現產地風土條件特徵的葡萄酒，很容易就能推斷出來，但是風土條件特徵較弱的產地所產的葡萄酒，就比較難猜了。

以低價格帶的夏多內、梅洛（Merlot）為例，這瓶葡萄酒用的是智利的品種呢？南非的品種？還是南法的品種？大多時候都無法辨認。

也許能夠辨認是出自於寒冷或是炎熱的產地，但如果被要求推斷是哪個國家，就會像是在下賭注一樣，要從三到五個可能性當中選出一個。

除此之外，要判別收穫年份也非常麻煩。因為像是勃艮第白酒或是波爾多紅酒這類需要多年熟成的葡萄酒，根本不可能精準判斷出收穫後到底經過了兩年還是三年。頂多可以確定是年輕階段的酒，然後搜刮腦中的知識庫，從特徵辨別是炎熱或是寒冷的年份。但基本上如果不知道產地，想光靠收穫年份的特徵來判斷，根本不可能。

實在沒辦法只能賭一把的情況下，我會先預設現在試飲的是勃艮第的白葡萄酒，清冽的酸味估計是二〇一四年產的特徵。在這種情況下，若一開始假設的「勃艮第白葡萄酒」是錯誤的話，那麼後面也就全都不成立了。

經常聽到有人嘲笑說：「品種、產地、收穫年份，居然連其中一個項目都猜不中呀。」但是盲飲品評是只要一個不慎，就會全盤皆輸的，這樣的事情非常有可能發生。

如果是已經花費長時間熟成的葡萄酒就更難推斷了。因為即使是相同品種、相同產地釀造的葡萄酒，有的經過二十年還是驚人地保持非常年輕的特色。也有明明才過十年左右卻已經凋零的情況。

假設今天提供盲品的紅酒，是一款平均熟成十年就適合飲用的酒款（像是勃艮第或是托斯卡尼的經典奇揚第），結果實際上卻是二十五年前、一九九五年收穫，口感「異常」年輕的酒。在這樣的情況下，無論誰來品飲都會受到口感混淆，認為是只有熟成十五年左右的葡萄酒。

在這樣的狀況下，參賽的侍酒師若是回答二〇〇五年，代表他的判斷力相當高，是一名優秀的品酒師了。反之，若是回答了一九九五，雖然解答正確，但反而表示他沒有正確地捕捉到葡萄酒的熟成程度。

唯一的例外就是那位參賽者喝過那個收穫年份的那款葡萄酒，並且記住它了，但這個機率非常稀少。因此在這樣的情況下，以能力而言應該要給予回答出錯誤的二〇〇五的人高分，但實際上卻是回答一九九五的人得分而大幅拉開分數間距。

「既然這樣，就不要使用不合常理的葡萄酒來盲飲品評啊！」可能也會有這樣的吐槽，但就如同我前面所述，葡萄酒不開瓶就不知道處於什麼狀態。就連選擇這瓶葡萄酒的主辦方，也沒有想過它居然喝起來還這麼年輕。

要在盲飲品評的情況下推斷出正確品種，需要相當的幸運。但是要說完全都無法猜中也並非如此。比起花時間深思熟慮，交給直覺判斷反而更容易猜中。

我每次猜中葡萄酒品種時，心中大都有五至十個選項，總之先把想到的說出來，結果剛好猜中了。我們在漫畫或是電視劇中經常會看到，某人祭出了一瓶完全不明的葡萄酒之後，瞬間猜中了它的品種與收穫年份，這是不可能發生在現實中的。

我認為，在判斷一名侍酒師的實力上，比起能夠盲飲出多少品種、產地或收穫年份，能否做出正確的評論與分辨之中的差異性更為公正。

會猜酒的人不代表會品酒

有一次西西里島的生產者，集合了十五種埃特納火山產區的葡萄酒，舉辦了盲飲品評的試飲會。參加試飲的有葡萄酒廠的經營者（負責販售的人）、另一位經營者（負責栽種的人）、釀酒顧問、我的好友（皮埃蒙特的知名釀造師）、以及我共五個人。

在這十五種不同的葡萄酒中也摻入了其他酒廠的兩種葡萄酒。這場試飲會並非是要我們猜出葡萄酒的品種，而是要針對每一款葡萄酒進行意見陳述，最後再公布葡萄酒商標這樣的流程。

雖然說這場品酒會不需要猜出主辦方酒廠釀造的葡萄酒是哪一個，但大家還是不由自主開始猜測起來。在互相陳述意見的過程當中，果然還是會出現像是「5號就是你的葡萄酒對吧！」這樣的話題，但就結論而言所有人都沒有猜中。

即使能夠確實分辨出優秀的葡萄酒、充滿魅力的葡萄酒、有缺點的葡萄酒，但是要完美的猜出葡萄酒的品種，仍然是一件非常艱鉅的事情。

我曾經目擊尷尬無比的一幕，有一位釀酒顧問擔任八種葡萄酒盲飲講座的講師，試飲會中被貶得毫無價值的那款葡萄酒，其實就是他釀造出來的葡萄酒。

即便在盲品時猜中了葡萄酒的品種，也不代表就是優秀的品酒師；即使是優秀的品酒師，無法猜中葡萄酒品種也是十分稀鬆平常的事情。

擁有「葡萄酒絕對音感」的人們

至今為止我遇過三位在盲品方面擁有驚人才能的人物。三位都是男性，看著他們與我截然不同的盲品方式，實在印象深刻。

包含我在內的普通人，都是透過推論來猜出葡萄酒的種類。例如「我認為這款白葡萄酒應該是勃艮第（稍微熟悉葡萄酒的都講得出來）。它的凜然高雅讓人想起皮利尼蒙哈謝。如果是默爾索的話，應該會給人更圓潤飽滿及溫和的印象。但是尾韻稍弱，應該不是產自頂級酒莊。是產自於村莊嗎？這個生氣蓬勃的新鮮沁爽口感非常具有魅力，可能是來自海拔較高的產區，但若說是歐瓦里耶蒙哈謝的話，礦物味又稍嫌弱了些。嗯～也許不是皮利尼蒙哈謝，說不定是隔了一條道路，在丘陵另一側的聖歐班的雷米利葡萄園。是了！我記得這個風格特性，是我喜愛的馬克可蘭酒莊（Marc Colin）！雖然酸度清爽，不過已經稍微開始熟成，所以應該是二〇一四年份的葡萄酒？」通常會以像這樣的感覺慢慢縮小範圍來推測。

最初的推論如果是錯的，那就全盤皆錯了。反之，若是推論順利，也能摸索出正確解答。最後用刪去法留下幾個選項，再從中憑直覺去選擇，在這之前，則完全是靠邏輯推理。但是，我遇到的那三位盲品名人，不需透過推論，而是直接試飲就能立刻回答出：「這瓶是馬克可蘭酒莊，聖歐班雷米利（Saint-Aubin En Remilly）的二〇一四年份葡萄酒。」

其中一位是從「世界最佳侍酒師大賽」中脫穎而出的義大利人，我曾經親眼見過他只靠著香氣就直接猜出「這瓶是二〇〇八年份的唐培里儂香檳王（Dom Pérignon）」以及「這瓶是一九八三年份伊更堡（Château d'Yquem）葡萄酒」的畫面。

看著他們試飲，我想到「絕對音感」這個詞。所謂絕對音感，就是能夠聆聽並分辨出所有聲音位於樂譜上哪個位置的能力。擁有絕對音感的人，在聽到消防車的警鈴聲，或是聽到汽車喇叭聲時，就能夠自動將其轉換為樂譜上的音符。

但是擁有絕對音感的人就一定是優秀的音樂家嗎？也並非如此，甚至也有因此造成阻礙的狀況。

能夠在盲飲品評時猜中葡萄酒的種類，這樣的才能就像是絕對音感一樣吧。並非透過推論，而是從記憶的抽屜當中，一口氣拉出葡萄酒種類與收穫年份。也就是說，凡是他們喝過的酒都被記憶下來，能夠一口氣辨識出該瓶酒的身家背景。

像這樣擁有葡萄酒的絕對音感，在侍酒師大賽中可說是壓倒性的有利。但是我要再重申一次，他們並非就能因此成為優秀的品酒師。**重要的並非猜中葡萄酒的種類，而是如何以邏輯推理來摸索出最終解答。**

邏輯推理這件事情，是在廣泛的文化脈絡中，賦予葡萄酒明確定位的過程，也是在品酒時非常重要的一件事情。

葡萄酒有最佳適飲溫度嗎？

有人會在飲用葡萄酒時，強加艱澀的葡萄酒禮儀在別人身上。像是宣揚著「白葡萄酒一定要在這個溫度喝才行」「紅葡萄酒必須在室溫下開瓶」或是「年輕的葡萄酒應該要進行換瓶」的大善人們。

首先來討論葡萄酒的「侍酒溫度」。一般來說，指南上記載的建議侍酒溫度為：氣泡酒5～7度，新鮮的白葡萄酒6～9度，酒體飽滿的白葡萄酒10～15度，酒體輕盈的紅葡萄酒12～14度，酒體厚重的紅葡萄酒16～20度。但是，這也會**因人而有好惡，或與時俱進而產生改變**。

直到一九八〇年左右為止，世上充斥著由工廠大量製造、新鮮且充滿果香，但沒有明顯特色的白葡萄酒，像這樣如同清涼飲品的白葡萄酒，我認為要在非常冰涼的溫度下飲用才好喝。5度左右也可以，溫度太高的話就會「讓粗糙感變得更明顯」。

與之相對，飲用勃艮第的白葡萄酒，的確可以將溫度提升到13度左右，在這個溫度飲用，反而能享受它溫和圓潤又複雜的口感。

當然，隨著那天的心情與飲用方式，即使是同樣的葡萄酒，自己認為最理想的飲用溫度也會改變吧。在炎熱夏天的晚餐時，要作為第一杯葡萄酒即使是勃艮第，也想要冷藏到8度左右再喝。相同的葡萄酒如果放到香檳之後，與主餐一起享用的話，就想將溫度調高一點至12度左右再飲用。

自己品味看看之後，感到最舒適愜意的溫度，那就是最佳的適飲溫度了。

「紅酒要在室溫下開瓶」的原則已經過時了

紅葡萄酒要在室溫下開瓶這個誤解，至今都還擁有一定的影響力。這個情況下的室溫，指的是過往歐洲石造古建築的室溫，也就是14～16度。但對於習慣舒適暖氣房的我們，所謂的室溫已經來到了22～25度左右，因此**在現今的「室溫」下開瓶，對葡萄酒來說就太高溫了**。

而且現今葡萄酒的風格也已經與過去不同。以前，由於單寧粗糙的葡萄酒較多，這類的葡萄酒如果在較低的溫度中開瓶，飲用時會感受到非常明顯的澀味。

現在都會等到葡萄的酚類物質完全成熟之後才收成，釀造技術也大幅進化，即使是酒體厚重的紅葡萄酒，它的單寧也很柔軟甘甜。如此一來，將葡萄酒**溫度降低許多也不會感受到澀味，反而還能提引出充滿活力的果實香氣**。

像是喜歡飲用極低溫葡萄酒的義大利酒王Angelo Gaja，他所釀造的巴巴萊斯科葡萄酒（Barbaresco）就是酒體厚重的紅葡萄酒，以高單寧著稱，其理想侍酒溫度為16～20度，過去Angelo也指定要在16度左右侍酒，但最近卻愛上了13～14度的侍酒溫度。

由於Angelo所釀造的巴巴萊斯科葡萄酒非常優雅，因此降溫到13度左右時，纖細的果實香氣與清爽的酸味就被提引出來，非常具有魅力。由於單寧的成熟與抽出非常完美，因此完全感覺不到澀味，如同絲綢般柔滑的高級口感，實在令人難忘。

現今的餐廳室溫都偏高，葡萄酒倒進酒杯中稍微放置一下，溫度就會上升到18度左右。如此一來，就能感受到更加圓潤飽滿，如同舌頭被包覆住般的微妙差異。

低溫飲用時口感彷彿絲綢，溫度上升後變得像是天鵝絨般。在低溫開瓶時的醍醐味，就是可以享受溫度上升之後，葡萄酒產生變化的樂趣。

關於葡萄酒的侍酒溫度，人們經常會針對這個議題展開討論，但是如果將葡萄酒放在現今的室溫當中，不論是杯裝還是瓶裝的葡萄酒都一定會升溫。因此必須要從比以前更低的溫度開始飲用。

享受注入酒杯之後口感的變化

我個人喜歡從非常低的溫度開始飲用葡萄酒，享受葡萄酒從風味稍微閉塞的狀態，逐漸在餐桌上釋放馥郁香氣的過程。

舉例來說，有一款紅酒對我來說最佳適飲溫度為18度，那我會希望一開始從13度左右開始飲用。讓其漸漸轉變至最佳狀態，享受這個走上坡的過程。

很常見到要求在適飲溫度開瓶的人，開瓶之後葡萄酒就會走下坡，實在令人感到遺憾。**交響曲也是從和諧寧靜開始，逐漸變得激烈，最後以磅礡浩大的和音響徹全場，帶給人們深刻的感動。**若第一口馬上就到達頂點的話，那麼接下來就沒有什麼樂趣可言了不是嗎？

葡萄酒換瓶也是相同的道理，葡萄酒換瓶，就是將開瓶之後的葡萄酒倒入醒酒瓶中，增加葡萄酒與空氣之間的接觸，使香氣與口感釋放與轉化的作業。若是比較年輕的葡萄酒，則可以將閉塞在葡萄酒瓶中的葡萄酒一口氣綻開到最佳狀態。

侍酒師從銷售員手中恭敬地取過貴重的葡萄酒，優雅開瓶之後，移至醒酒瓶中，葡萄酒換瓶是侍酒師們的重要舞台，也是能看見他們精湛本領的場面。鄭重的儀式感也非常具有魅力。

不過，這也是我個人的喜好，我並不喜歡葡萄酒換瓶這項作業，與前面所述的適飲溫度是相同的道理。因為我不希望葡萄酒馬上就呈現最佳狀態。

即使不用換瓶，開瓶之後的葡萄酒也會逐漸產生變化。我希望能夠在享用餐點時，享受葡萄酒逐漸演變的過程。當我用完餐，葡萄酒也僅剩下一點點，並且呈現在最佳狀態，這才是我心中的完美情節。再次重申，這只是個人喜好的問題。

若要再讓我分享一項個人喜好，那就是，我認為比起用葡萄酒杯嘗試許多種不同的葡萄酒，我更喜歡直接點一整瓶葡萄酒，然後慢慢地、仔細地面對它。這就跟與其用手捻著吃各種料理，我更想要慢慢地、仔細地面對同一盤料理是一樣的感覺。

而且，我喜歡餐桌上有葡萄酒瓶的風景。我以前在義大利鄉村裡遇過一位老太太，她說即使在不喝葡萄酒時，她也一定會在桌上擺著葡萄酒瓶，放置在桌上的酒，已然是與家人朋友共享餐桌時光的象徵。

享受自己的品酒方式，別管他人怎麼說

有些人喜歡對別人的喝酒方法雞蛋裡挑骨頭。像是「用那樣的酒杯喝的話葡萄酒多可憐啊」或是「用那個溫度喝的話葡萄酒會哭的」等，真的是很多管閒事。

不論用什麼酒杯，什麼溫度，只要喝的人滿足，那就是最棒的葡萄酒飲用方式。

我想起之前拍攝的一個，以法蘭契柯達氣泡酒（Franciacorta）為主題的電視節目。法蘭契柯達氣泡酒，是一款魅惑人心的氣泡酒，由位於義大利伊塞奧湖南方、一片廣大丘陵地帶中的酒莊所釀造，最近更是被譽為「能夠抓住時尚米蘭人之心的葡萄酒」，人氣急速上升中。

當時的拍攝地是位於產地的背側，在阿爾卑斯山脈從事酪農業的家族。我們搭乘吉普車翻越斷崖絕壁，終於抵達了海拔超過二千公尺、位於山中的房子。這個家族所製造的起司非常美味。半天的攝影工作結束後，他們就把桌子搬到草原上，招待我們享用起司、奶油與麵包。

這個家族在每年六到九月之間待在高地上，入冬後，就帶著山羊與牛下到村裡去；夏季則在山中小屋內，度過僅備有最低限度生活用品的日子。當然，也沒有葡萄酒杯，當天帶去的法蘭契柯達是倒入日常喝水的普通杯子，大家乾杯之後飲用。

雖然那是最不適合拿來飲用法蘭契柯達的杯子，但是對我來說，卻是最棒的法蘭契柯達飲用經驗。在澄澈的空氣與乾淨明亮的光線中，阿爾卑斯山脈清爽的風迎面拂來，這樣的環境下飲用的法蘭契柯達，是我人生至今為止喝過最美味的。

關於紅葡萄酒的開瓶溫度，我前面也有寫到我喜歡低溫飲用，但還是有許多人深信紅葡萄酒必須在室溫下開瓶的說法。點餐時我若要求：「請幫我降低溫度。」對方就會露出困惑的表情。我只好再接著說：「味道不好也沒關係，請按照我說的去做。」對方才終於心不甘情不願照做。真的是很麻煩。

關於葡萄酒的飲用方式，本人能感到幸福又滿足，比任何事情都還重要。

向美國前總統川普學習吧！

美國前總統川普不論吃什麼都一定會加蕃茄醬，因此被認為是有味覺障礙的人。這跟不論吃什麼都一定要加美乃滋的美乃滋魔人一樣。

但是我認為，只要本人喜歡的話，就別管他們了。不論是食物或飲料，每個人都有自己的喜好，只要本人覺得這樣做很幸福，也輪不到旁人置喙吧。

此外，我也聽說中國暴發戶的葡萄酒飲用方式非常原始粗暴。像是將冰塊加入好幾十萬元、高尚典雅的葡萄酒裡飲用，甚至兌可樂喝等等。

確實我也覺得這樣做很浪費，但這是對方買的葡萄酒，你也拿他沒辦法。也有人說這樣做對釀酒者來說太失禮了，但是這樣的話，釀酒者也可以自行選擇要販賣的對象，既然給了只要出高價不論誰都能自由購買的酒商，沒道理還在那邊說三道四。

藝術也是一樣的道理吧。享受藝術的人們，依照自己喜歡的方式來享受是非常自然的一件事情，誰也無法阻止。

我經常播放奧地利作曲家馬勒的《第九號交響曲》以及荀白克的《昇華之夜》，作為工作時的背景音樂，也許有人會認為我邊工作邊聽這樣崇高又高雅的曲子很失禮。

不論是葡萄酒或是藝術，在進入市場的瞬間，就離開釀酒者及藝術家的手了。當它們被消費（葡萄酒被飲用，藝術被鑑賞）的那一刻開始，就已經盡完原本的職責。

用你的風格來為餐桌「穿搭」

有些人對於料理和葡萄酒的適配程度非常執著，一不小心就會滔滔不絕。

「白蘇維濃清爽的香草香氣，絕對跟這道搭配了蒔蘿的煙燻鮭魚很合」或是「這款布雷諾蒙塔奇諾的腐葉土香氣，配上佛羅倫斯大牛排就是最高享受」。

雖然有時候也會聽到一些有趣的搭配，但大部分都很無趣。基本上主要都是「個人、主張」。這種非常主觀性的說法，很難打動聽者的心。

葡萄酒與料理的適配度，就跟服裝穿搭的原理是一樣的。服裝之間基本上是由顏色、花紋等進行組合搭配，只要遵守一定的原則就不會「偏差太大」。不過，即使打破基本原則也完全沒問題。每個人都有各自的喜好，有的人會按照當天的心情來穿搭，也有人是「要決勝負的日子就穿紅色」或是「心情平靜的日子就穿藍色」。

總而言之，重要的是本人能夠感到幸福的心情。我穿起來像是東西屋[1]的奇裝異服，穿在潮流人士身上看起來就很酷。都是因人而異。即使再怎麼滔滔不絕說自己有多喜歡這個色系的穿搭，對別人來說也只會覺得無聊而已。

料理與葡萄酒也是一樣的，像是味道濃厚的肉類料理，和單寧較強的葡萄酒比較搭（因為單寧可以減少脂肪吸收）；使用奶油的魚類料理，和熟成的夏多內較為合適（因為口感比較滑順），這些某種程度上都依循著基本原則，**但若是不符合自己喜好的話，無視也沒關係**。

即使是同一道料理，也會有剛好那天想喝清爽的酒，特別想喝濃厚白酒，甚至是想改搭配紅酒的時候。比起基本原則，我認為重視當天的心情來搭配會更好。

1 註：「東西屋」為日本一種經過刻意打扮的街頭音樂家，受委託為所在地區的商品或商店打廣告。

猶豫不決時，就選最百搭的酒

歐洲一直以來都有很多宴會場合，料理基本上會有兩到四盤，盤數並不多，因此也會開大約兩到四種葡萄酒來搭配不同的料理。

相對來說，日本的餐桌盤數較多，喜歡少量多樣化的飲食。擺放的料理種類五花八門，要一道料理搭配一款葡萄酒是不可能的事情。

舉個典型的例子就是壽司了吧。只要去壽司店就會吃到十幾種壽司，比目魚要搭配這款葡萄酒，小鯽魚要搭配另一款，鮪魚和鮑魚又要各自搭不同的酒等等，這樣就要喝十幾款葡萄酒，這是不可能的事情。因此不得不選擇一款不論搭配哪一種都很合的葡萄酒。不論在懷石料理店或是居酒屋都是一樣的。

歐洲最近也有越來越多情侶到餐廳用餐，從頭到尾只點一瓶葡萄酒。即使許多人針對料理與葡萄酒的適配度進行了各種討論，但實際上也是不得不妥協。

也因此，近年來比起搭配單一料理且特色鮮明的葡萄酒，不論佐什麼料理都融洽的葡萄酒更受到歡迎。像是清爽的夏多內、義大利灰皮諾、跟粉紅酒等都是典型的例子。氣泡酒也是搭什麼都不違合，賣得越來越好。

比起跟A料理搭配是一百分、跟B料理搭配是五十分、跟C料理搭配僅有剩二十分的葡萄酒，跟A、B、C料理搭配都達到七十分的葡萄酒，才是更理想的餐桌伴侶。

享受料理與酒相遇後的化學反應

餐酒搭配有趣的地方在於，它們各自相遇之後，會產生讓人意想不到的化學反應。例如，使用濃厚多蜜醬汁來料理的燉牛頰肉，搭配上充滿果實香氣的加州梅洛葡萄酒之後，就能提引出肉的甘甜味；若是搭配勃艮第的紅葡萄酒，則能提升肉的細緻優雅風味；搭配巴羅洛這樣單寧和酸味較強的葡萄酒，就會顯出肉的嚼勁和結實感。

反之亦然，葡萄酒也會隨著搭配的料理而呈現不同的表情。像是單寧豐厚的波爾多（例如，聖埃斯泰夫[1]）搭配調味簡單的炭烤牛排，就能彰顯出渾豐厚的果實香氣。但若是搭配壽喜燒這樣使用醬油的料理，這款酒反而會讓土味浮現出來。隨著不同葡萄酒與料理的相遇，會呈現出對方各自的不同面向。

有一句話是「近朱者赤」，不僅人與人的相遇，料理和葡萄酒的相遇，也會讓我們看見其各自不同的面貌。

1 註：聖埃斯泰夫（Saint Estephe）：位於法國波爾多左岸，區內集合了五家1855年分級的列級莊，和十五家中級酒莊。資料來源：https://www.c9wine.com/hk/saint-estephe-aisitaifu/

經典搭配以外的迷人組合

「經典搭配」很迷人，然而，相互碰撞出意外的一面，這樣的組合也很有趣。

例如經常聽到「鮪魚很適合勃艮第紅葡萄酒」，這就是「經典搭配」。反過來說，若是搭配熟成二十年左右的勃艮第白葡萄酒，就會凸顯鮪魚油脂中的奶油味。若是搭配上個性較鮮明的紅葡萄酒（例如以「桑嬌維賽葡萄（Sangiovese）」造的經典奇揚第），鮪魚獨特的香氣就會更明顯。即使是同一種食材、同樣的烹調法，也會隨著搭配的酒種而有不同的風味。

稍微偏題一下，談到鮪魚，一般來說不論是鮪魚生魚片或是握壽司都會使用山葵。由於從小就習慣食用山葵，這個組合完全就是「經典搭配」。然而，我最近造訪的創意料理店，卻是使用芥末籽來搭配鮪魚，這樣的組合令我感到新鮮有趣。

搭配山葵時的鮪魚細緻優雅，換成芥末籽後則多了鮮活的滋味，當然這僅僅是我的主觀想法而已。不過，這也能夠說明兩種不同的事物相遇，可以提引出不同的面貌。

若是一直被囚禁在「經典搭配」中，而錯過了葡萄酒與料理相遇所迸發的其他可能性，那就太可惜了。不要一直想著哪個料理與哪一種葡萄酒是完美伴侶，而是去進行各種嘗試，享受各種組合的多面性也是非常有趣的一件事。

兩個人進到餐廳，各自點了不同的料理，要選擇能夠完美與每一道菜相合的葡萄酒太難了，一定會需要做出某種程度的妥協。但就如同我前面所述，也有可能會因此獲得意想不到的有趣經驗與感動。

在介紹朋友給另一位朋友認識的時候也是，你可能會想著A與B的個性剛好完全相反，不可能會合得來吧，但也有可能實際上見面之後意外地氣味相投。

因此，我不喜歡為了搭配葡萄酒而特別製作的料理。造訪葡萄酒傳統產地以外的區域料理店，例如去吃日本料理或是中華料理時，只要和葡萄酒釀造者一起同行，就會遇到親切的為我們特別製作能夠搭配葡萄酒的廚師。

雖然這是一件非常值得感謝的事情，但是**我個人對於不經意製作的料理會和葡萄酒迸發出怎樣的火花，更感興趣。**

我非常想看見，當同一道料理與名為葡萄酒的光芒碰撞時，會產生什麼樣的反應，會提引出葡萄酒怎樣的一面，又會發現料理怎樣的新面向。

拓展料理和酒的各種可能性

雖然也有人會主張「來自相同產地的料理和葡萄酒絕對是完美組合」，然而這也沒有任何證據能佐證。例如托斯卡尼（Toscana）就絕對要搭配同樣來自義大利的桑嬌維賽（Sangiovese），勃艮第料理就一定要搭配勃艮第的葡萄酒這樣的想法。

當然，這其中一定有很多在當地經過長年演變而成的「經典搭配」。但是，跟其他地方料理或創意料理的搭配也不差，反而多了新的可能性。

真要說起來，若是要主張當地料理與當地酒最相襯，那麼就沒有必要在日本飲用葡萄酒，喝當地的日本酒不就好了嗎？

文化會藉由邂逅、衝突、融合而變得更加豐富多樣。有的人被問到與葡萄酒契合的料理時，就滿心歡喜地列舉了許多沒人知道的當地料理，簡直是單細胞生物才有的膚淺行為。

另一個極端的行為，是刻意搭配宛如特技表演般的天差地別組合，然後露出一臉得意自滿的表情「作秀」，說出：「乍看之下可能會覺得這款葡萄酒與料理很不搭，但在嘴裡湊在一起就相合了」這樣的話，簡直像在玩「空中轉體」。

的確，相襯的組合令人舒心，相斥的搭配也有可能因為衝擊感而令人玩味。但若是對葡萄酒不感興趣的人，用得意洋洋的表情宣揚這些，就只是在自我滿足而已。

最近，提供餐酒搭配（Pairing）的店家增加了，也就是會提供與套餐中每道菜相合的葡萄酒，並以杯端上桌的服務。不用思考任何事情，只需要享受侍酒師為我們選擇的那款最佳葡萄酒就可以了。例如提供五種不同的葡萄酒來搭配套餐，並以固定金額提供、價錢上不會造成太大的負擔，我認為非常不錯。

不過可惜的是，這樣一來，很容易將用餐焦點都集中在葡萄酒上，與其說是享受美食，反而更像在參加品酒講座，這大概是唯一美中不足的地方吧……

「任性而為」才是正確的品酒心態

我認為，都去餐廳了，就要吃喜歡的東西，喝好喝的飲品才行。但是，也有沒辦法順利做到這件事的時候。因為偶爾會碰到需要跨越的高牆。那道高牆大部分都是抱持著善意的服務人員。也有想說為了對方好，推薦了許多菜單，卻反而造成對方困擾的情況。

我在義大利擔任餐廳指南的祕密客大約十年，期間幾乎走遍也吃遍了當地的餐廳。在指南撰寫上有不得不遵守的幾個規則，例如「第一次介紹的餐廳一定要有招牌菜色」「介紹過好幾次的餐廳，菜單不能跟去年的重複太多」等，經常不能選擇自己喜歡吃的東西，這是工作所以沒辦法。

遵守著這些規則造訪品嚐的過程中，**我注意到一件理所當然的事實，那就是廚師感到自豪的料理，不一定會令我難忘，反而常被那些較冷門的料理所感動。**果然，我也有喜歡的食材及料理，也有當天想吃什麼的心情。順利吃到當時想吃的料理，絕對比廚師想要展現的菜色，更能帶給你滿足感與幸福。

哪天心情不一樣了，或許就會欣然接受廚師推薦的料理也不一定。**在無法欣然接受的日子，不論他們再怎麼推薦也不能隨波逐流。**

比起專業意見，你想喝什麼更重要

這一點在葡萄酒上也是一樣的。重要的是**按照當天的心情喝想喝的飲品，與料理不搭也沒關係，完全不需要放在心上**。

我一年當中會去法國好幾次，就經驗上來說，法國的二星、三星侍酒師都擁有極度渴望說服他人（想強加自己的想法在他人身上？）的傾向。

對我來說，這是個難得又寶貴的機會，我想要飲用在國內很難購得的葡萄酒、躍躍欲試很久了的葡萄酒、以及國內外價差極大的葡萄酒，但是那些侍酒師們卻說「那款酒和你選擇的料理不搭」「比起那款我更推薦這款」等，強烈主張他們自己的想法。

我以前是個無法拒絕別人的日本人，總是聽從他們的意見來點，但那之後一定會感到後悔。確實他們推薦了跟我點的料理相合的葡萄酒，我很感謝他們，但是我已經有想喝的葡萄酒了。即使那款葡萄酒跟料理有多麼的不搭，能夠喝到當時想喝的葡萄酒才是最重要的。

因此，大約從二十年前開始，**只要我有自己想喝的葡萄酒，就不會再聽取任何的建議。不論那款葡萄酒跟料理有多不搭，我也想喝自己想喝的葡萄酒**。

但是，「敵軍」也是帶著善意，竭盡所能讓客人得到滿足，相當不好對付。只要露出些許「是這樣嗎……」的動搖姿態，他們就會積極進攻。因此，必須展現出絕不妥協、毅然決然的姿態。

若是他們對我說「您選擇的那款葡萄酒與您的料理不對味。」我就會明確回答「不合也沒有任何問題，因為我現在就是想要喝那款葡萄酒。」

對方可能會覺得我是一個「奇怪的傢伙」而感到莫名其妙，但只要我一開始就擺出沒有任何妥協餘地的態度，他們最終也只能作罷。即使那款葡萄酒跟料理不合，我也非常滿足。要我放棄想要喝的葡萄酒，才會讓我後悔吧。

當然，若是沒有特別感興趣的葡萄酒，我也會聽取侍酒師的意見，選擇價格適中的葡萄酒。但是若已經有想要喝的目標，為了不想讓自己感到後悔，絕對要力爭到底。

選擇自己強烈期望的東西，即使那是錯誤的，也能夠從中學到許多。是能夠在將來發揮作用的錯誤。如果只是聽取他人的意見隨波逐流，完全擱置自己的信念，結果什麼也得不到。

搭配什麼料理也是自己決定

料理也是相同道理，不需要被沒意義的規矩束縛。

若是以單品來點餐的法國料理，大多是前菜＋主餐（＋起司或甜點）這樣的組合，但是隨著店家不同，也會遇到相當吸引人的前菜，以及主餐菜單格外豐富的狀況。

若是碰到這樣的情況，那就不要猶豫，直接點兩盤前菜或兩盤主餐。「因為這看起來相當吸引人」這樣對店員說的話，一般來說都會接受。如果是點兩盤前菜，只要先說明：「這一盤請幫我在主餐的時間點送上」，店家大多會幫忙加量做成主餐的規格。

在義大利也是一樣，有些旅行書上會寫「在這裡只吃義大利麵是不行的」，但那已經是很久以前的事情，現在這樣做完全沒問題。以美味的前菜而聞名的皮埃蒙特地區，也經常有人只點了五六種前菜就結束一餐（當地人也都這樣做）。

渴望品嚐的心情，比禮儀或知識更重要。我們不就是為了享受而前往的嗎？

之前聽過一間京都高級懷石料理的店主說過，有一位客人很喜歡加州產的濃厚紅酒，總是非常開心地享用著。雖然我不認為那與京都料理相合，但只要本人覺得幸福，比什麼都還重要。店主微笑說道：「只要客人心滿意足，我們也會感到非常開心。」正是如此。

「餐前酒」是轉換心情的日常光景

我在年輕時曾經去過一間稍微裝腔作勢的法式餐廳，在入座之前被帶到了一個像是沙龍的地方，服務人員恭敬地詢問我：「請問您想要點什麼餐前酒嗎？」讓不習慣那樣場合的我戰戰兢兢。

頻繁造訪歐洲之後，才知道原來餐前酒並不是那種誇大場合才會出現的東西，而是在日常光景中也會現身的角色。**那就像是在正式開始用餐之前的預備動作，是從工作時間進入用餐時間之前，能夠喘一口氣的過渡時間**。

舉例來說，工作在晚上七點結束，晚餐在八點半（歐洲時間）開始，中間還有一個半小時的空檔。想要回家一趟也可以，想要繼續加班也可以，這個時間拿來跟同事一起喝一杯聊聊天也很開心。那就是餐前酒。就跟利用一個半小時空檔，在咖啡廳跟朋友一邊聊天一邊等待是一樣的道理。

唯一的不同是，餐前酒因為加入了酒精，能讓人更加放鬆。餐前酒不論是啤酒、雞尾酒、雪利酒或是葡萄酒，想喝什麼都可以。在有點裝腔作勢的場合，香檳是最適合的選擇吧。下酒菜有堅果、洋芋片、生火腿，開胃小點心等輕食類。畢竟再過不久就要進入晚餐時間。

所謂的餐前酒就是讓人從「公」的工作狀態，慢慢轉換成「私」的用餐時間的過程。在這之間，最重要的是能無隔閡的交流與放鬆。

上班族最需要的就是餐前酒

上班族在下班後與同事到居酒屋喝一杯，這樣的「短暫飲酒」也是餐前酒。

在那個場合當中，也會談工作話題或發發牢騷，但並非在辦公室裡的「官方見解」或是「場面話」，而是放開自我，講出「內心最真實的想法」。是從「公」往前走半步、接近「私」的時間。

在那之後可能會進一步開始吃晚餐，也可能只是「短暫飲酒」就結束回家。所謂的下班後喝一杯，是在單純兩點一線的日子裡，加入一個轉換心情、喘口氣的時間。

也有人想要發揚喝餐前酒的習慣，但沒有成功。因為日本國內**已經有名為「短暫飲酒（ちょい飲み）」這樣堂堂正正的餐前酒時光**。

若是想增加葡萄酒的消費量，比起引進西式餐前酒這樣陌生的習慣，我認為還不如努力讓大家能夠在居酒屋喝到葡萄酒，會是更加明智的作法。

餐前酒是切換心情的開關

如果將「切換心情的時間」當作餐前酒的精神，那麼不論喝什麼、在哪裡怎麼喝，也沒那麼重要了。

一邊準備晚餐、一邊喝一杯，這樣也算是堂堂正正的餐前酒。

例如先準備主餐的燉菜，將肉與青菜切好、炒過放入鍋內，倒入葡萄酒轉開小火加熱，接下來要等待大約一個小時，這段時間好像還可以再做一盤前菜，但總之先來一杯吧。冰箱裡已經冷藏好的白葡萄酒，只需要開瓶注入酒杯內喝一口。**情不自禁發出一聲「呼～」放鬆緊繃的肩頸，這時就感覺到一整天的辛勞有了回報。還沒結束的工作專案就留到明天再煩惱，一邊吃飯一邊重新振作精神。不要為還沒開始的事過度操心，一切順其自然就好了，這也是餐前酒。**

與許久沒見面的朋友相聚一定有很多話要聊吧？在開始用餐之前，先一起聊聊近況、更新資訊、分享大家的消息。因此先在酒吧待一個小時左右，一邊飲用葡萄酒一邊聊天之後再入座。這也是餐前酒。

當然也有不需要餐前酒的時候。有幾次，我與夥伴相約一起造訪想去的餐廳。在法國，前往還不錯的餐廳前，幾乎都會被詢問要不要先去喝餐前酒。

我通常都會拒絕。因為我是為了想去吃那間口碑很好的餐廳，才大老遠搭車過來的，並不是為了跟朋友見面（已經跟朋友在車上聊了一陣子），也不是為了要度過愉快的用餐時光（雖然那段時光很愉快）。我是為了品嚐料理而去的，並不需要有一個切換心情的時間。

我內心的頻道已經進入了「待會立刻就要吃」的模式。在這樣的情況下，餐前酒就是無用之物了。**任何事物重要的都不是形式，而是在於精神。**

葡萄酒的最佳適飲期

舉辦葡萄酒講座時，大家必問的問題就是「這款葡萄酒的適飲期是什麼時候？」這題很難回答，因為完全是按照每個人的喜好而定。

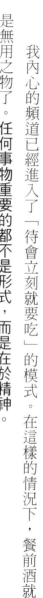

適飲期的出現，是由於單寧太重太強的葡萄酒，在年輕時會令人感到生澀、不好入口，但隨著時間熟成，香氣會變得更融合繁複，除了更增添它本身的魅力，口感喝起來也變得更加柔滑順口。

確實，以前的葡萄酒單寧比較粗硬，年輕時大多不會讓人覺得美味。但幸運的是，隨著釀造技術的進步，加上現在都會等到葡萄的酚類物質完全成熟後才收成，年輕時不能喝的葡萄酒幾乎已經消失無蹤。

正是因為如此，即使是像波爾多和巴羅洛這樣具有長期熟成能力的葡萄酒，在年輕時飲用也有恰到好處的美味。

因此，適飲期除了會隨著你喜歡什麼樣的葡萄酒而定，也會隨著不同人而有不同的選擇，並沒有絕對正確的答案。

不同時期飲用的風味變化

舉例來說，勃艮第的白葡萄酒剛剛上市時，還帶著尖銳刺激的酸味，礦物味也還有如針扎，整體帶著鮮活沁爽的滋味。但這也是另一番風味。經過大約十年左右的熟成，香氣就會變得繁複，酸味與礦物味穩定下來，口感達到和諧、變得溫順。

等到熟成二十年之後，就會產生蜂蜜或是打火石的風味，香氣變得更加繁複，但並不是所有人都喜歡熟成後的香氣。喜歡年輕時那股青蘋果般的清新果實香氣的人們，就會認為「還是年輕的時候比較好喝」。而陳年之後，口感柔滑順口，像是被包覆在天鵝絨裡一般，欣賞熟成葡萄酒的人會愛得不得了，但對於不欣賞的人來說，也許就變成無法接受的口感了。

波爾多的紅酒（特別是左岸的品種）也是，在過去，年輕時喝起來澀味非常重，但現在即使是剛上市的酒款也會覺得非常迷人。

葡萄酒年輕時的果實味與生青感的單寧非常辛辣，但跟炭火烤肉等料理一起享用的話，就會覺得恰到好處。

一流酒莊所產的年輕波爾多，那雄渾健碩的酒體，令人感到神聖又莊嚴。經過大約二十年的熟成後，單寧的含量雖然下降了，卻仍保有一股生青感，帶給我非常清新爽口的印象。當然香氣與口感變得繁複，但是這與白葡萄酒相比，變化可說是極為緩慢。

我認為發揮波爾多真本領的，是熟成三十年以上的紅葡萄酒。香氣與口感變得更醇厚繁複，令人最驚訝的地方是，它完全沒有失去那股清新爽口的滋味。年輕時，大多數人都覺得是缺點的生青單寧，經過三十年的時間依然鮮活。宛如薄荷一般具有魅力的口感，保有年輕時的朝氣蓬勃。

雖然我很喜歡熟成三十年以上的波爾多，但是並非所有人都喜歡，也有很多人喜歡更加朝氣蓬勃的年輕葡萄酒。

葡萄酒就像人，在不同年齡層有不同的魅力

認真想想，人類也是，也有年輕時具有魅力，年紀增長後也依然迷人的人。

「請問您認為自己的人生巔峰是在什麼時候呢？」這樣的問題非常失禮吧？**葡萄酒也是一樣的道理，它在各個不同的年齡層具有不同的魅力**。

然而有些演藝人員，雖然擁有可愛的外貌，卻沒有內涵，便會隨著年紀增長而褪色。葡萄酒也是，雖然年輕時果香豐沛，風味迷人，但是熟成之後卻變得「陳舊老化」，也有這樣的葡萄酒。

另一方面，也有人雖然年輕時十分庸俗，但隨著年紀增長而「突變」成具有魅力的個性派演員，過去生澀的演技，也隨著熟成而發揮其魅力。也有葡萄酒是如此。

因此，沒辦法明確說出哪個階段才是最佳適飲期，也有人認為口感突出、強健壯碩的年輕葡萄酒非常吸引人。

但是有一點我可以斬釘截鐵地說，那就是資質好的葡萄酒，不論年輕或熟成之後都很美味。電影《羅馬假期》中天真爛漫的奧黛麗・赫本，到了《第凡內早餐》、《謎中謎》依然非常迷人。《陽光普照》電影中熠熠生輝的亞蘭・德倫非常有魅力，在《仁義》與《暗殺托洛斯基》中則成熟老練，很難斷言哪個時期才是「適飲期」。

起司也是同理。有的人喜歡吃新鮮狀態的起司，有的人喜歡吃已經熟成到濃稠、呈流體狀態的起司。像是帕瑪森起司這樣的硬質起司，熟成期間很長，因為非常費時的關係，價格也會變得昂貴，但也不等於每個人都喜歡最後熟成的美味。以我個人來說，比起熟成三十六個月太過凝縮的帕瑪森起司，二十四個月熟成的才是我的最愛。

頂尖葡萄酒生產者眼中的適飲期

拜訪酒莊時，時常會讓我們試飲收穫年份較早的葡萄酒。畢竟是經過五十年以上的葡萄酒，很多都已經氧化了，即便如此，它們之中還是有幾款能夠讓我們回想起那極具魅力的時代。每當這時候，就會聽到有人這麼說：「想到這些葡萄酒已經經歷了五十年，就覺得很可靠啊。」

它沒有完全氧化，而是留有過去「光亮耀眼時代」的餘暉，的確是很了不起的葡萄酒。但是「以放了五十年的葡萄酒來說算是很厲害」這句話，就消費者而言並無意義。

應該要讓消費者感受到讓葡萄酒熟成是有意義的才行，創造出「等待五十年是有價值的！比起熟成二十年、三十年，變得更複雜、更有魅力了！」的葡萄酒，若非如此，那麼不用等待它熟成，直接在年輕的階段就把它喝掉還比較好。

勃艮第的馮內－侯瑪內（Vosne-Romanée）村裡，有一位相當具代表性、名叫安・葛羅（Anne Gros）的釀酒師，她所釀造的葡萄酒香氣迷人、尖銳又鮮明，我非常喜歡。每年都會去拜訪一次，試飲她釀造的葡萄酒。

她的葡萄酒從年輕時就很美味，而且竟然可以保持那份細緻鮮嫩感熟成十年。特別是李奇堡（Richebourg）等葡萄酒，熟成了二十年左右才能發揮它真正的價值，我是這麼認為的。

但是，和她聊過之後，令我感到更為驚訝的是，她本身認為自己釀造的葡萄酒大約放十年左右是最好喝的。她喜歡年輕的葡萄酒。也就是說，**釀造出擁有長期熟成能力的葡萄酒的人，本身不一定特別欣賞長時間熟成的葡萄酒。因此，關於葡萄酒的適飲期，完全是因人喜好而異。**

在家喝葡萄酒的推薦酒款

在華貴的場合，一邊接受完美的服務一邊享受的葡萄酒當然好，但相較之下，我更喜歡在家中就能品嚐的葡萄酒。

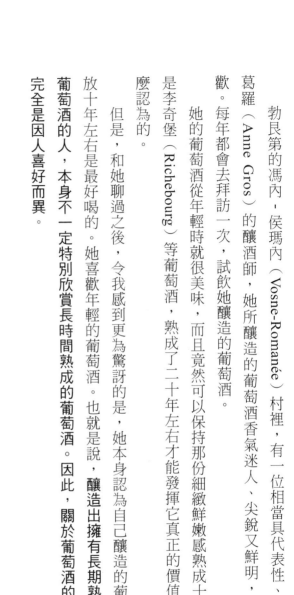

一邊吃著堅果或起司當下酒菜，一邊喝著氣泡酒或是白葡萄酒，接著喝紅葡萄酒。當然也有只喝完白酒就結束這回合的日子。

將當天的見聞、腦中的思緒、下週的行程安排等，一邊跟家人不著邊際地聊、一邊用餐與享受葡萄酒。這是我一天當中最放鬆的時刻，也是我繼續邁向明天的動力。

經常有人問我「日本的料理最適合搭配什麼樣的葡萄酒？」其實，只要喝自己喜歡的，在那個時間想要喝的葡萄酒就可以了。

就如同我在餐前酒的部分所敘述的那樣，**重要的不是喝什麼，而是放鬆身心，讓一整天的疲勞消除，能夠湧出迎接明天的熱情與幹勁**。若用餐時剛好有自己喜歡的葡萄酒的話，就能在片刻放鬆後活力倍增。假若不是自己特別喜歡的葡萄酒，只要用餐時間能感到開心就好了。

自己的家，是一個能夠不用顧慮太多、嘗試各式各樣葡萄酒的地方。因為是自己買的葡萄酒，也不需要擔心價位的問題。選擇自己能力負擔得起的葡萄酒就可以了。

因為工作的緣故，我有時候必須在白天試飲許多葡萄酒，但在晚上將它們都拿出來重新品味一次也很開心。與在工作上的心態不同，晚上處在放鬆的狀態，所以即使不完美也沒關係，能夠遠離利害關係，以純粹的好奇心來接近葡萄酒，這點特別令我興奮。

當然，**不需要什麼特別的料理來搭配葡萄酒，平常吃的食物就可以了**。只是將喝啤酒換成喝葡萄酒而已。若覺得少了些什麼，就從冰箱中拿出起司，再多喝一點葡萄酒。

至今為止，我在形形色色的地方飲用過葡萄酒。自己家中、朋友家中、義大利餐館、法式餐館、日式料亭、壽司店、居酒屋、飛機上等等，多得數不清。

從最初喝下的那一口，恰如其分的緊張感與驚嘆，接著在緊張被慢慢緩解後，享受短暫但歡快的餐酒時光，全身被舒暢滿足的感覺取代。比起葡萄酒，一起度過的那令人憐愛的時光更令我印象深刻。

雖然也有葡萄酒成為主角的夜晚，但意外的它們都沒有留在我的記憶當中。果然葡萄酒對我來說，也許就是能夠帶來豐富且幸福時光的貴重配角吧。

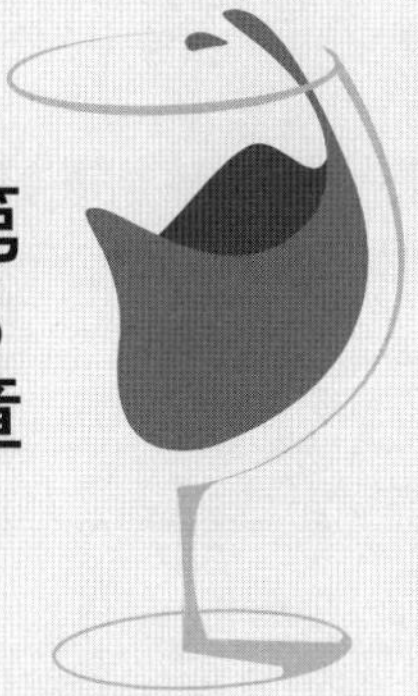

第3章

邂逅一瓶珍藏的私房葡萄酒

首先，必須「了解自己的喜好」

經常有人詢問我：「能推薦我幾支葡萄酒嗎？」

雖然我了解對方的心情，但這真的是一件很困難的事情，就跟「請告訴我你推薦的餐廳」一樣困難。因為不論是葡萄酒還是餐廳，幾乎都是因人喜好而異。

若是推薦濃厚的加州葡萄酒給喜歡纖細勃艮第葡萄酒的人，就是無的放矢；對喜歡清淡的人推薦重口味的餐廳，對方也不會感到開心吧。

因此我會反問對方「您平常有喜歡的葡萄酒嗎？」或是「您有喜歡的餐廳嗎？」要推薦葡萄酒或餐廳之前，事先知道對方的喜好比任何事都還重要。

相同道理，**若想要找到喜歡的葡萄酒，首先要了解自己的喜好才行**。一開始應該要先嘗試幾款不同的葡萄酒，只是為了瞭解喜好，不需要喝到太貴的葡萄酒。就跟剛開始學小提琴，不需要用到史特拉第瓦里琴是一樣的道理。

我建議還不太熟悉自己喜好的人，**先買便宜的葡萄酒，在允許的範圍內嘗試各種葡萄酒**。現在超市也好，便利商店也好，都能輕鬆買到葡萄酒。從網路上購買也很方便，都有附上像是「酒體輕盈且清新」、「濃郁果實香氣」、「清爽口感」等說明，**進行各**

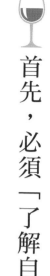

式各樣的嘗試後，若發現了自己偏好的酒，暫時就持續嘗試相似種類的酒款。

最簡單的葡萄酒選擇方式

最簡單的挑選方式，就是從品種著手。

如前所述，在標籤上寫品種名稱的葡萄酒，多是來自新興產地（主要是新世界），這類酒通常能夠表現出該品種特有的香氣及口感。若非如此，就會讓購買者失望。

如果被白蘇維濃的香氣所吸引，那就嘗試看看各式各樣不同產地的白蘇維濃。一段時間之後，即使不看酒標，也會立刻知道現在喝的這款葡萄酒是白蘇維濃。

做到這點之後，接著可以喝看看使用白蘇維濃，但酒標上沒有標示品種的葡萄酒，例如法國桑塞爾（Sancerre）或波爾多（Bordeaux）的白葡萄酒，可能就會注意到與至今為止喝過的白蘇維濃稍微不一樣的口感。那就是產地的特徵。

以歐洲的思考順位來看，桑塞爾或是波爾多的產地特徵，比白蘇維濃的品種特徵來得重要，相同的白蘇維濃品種，產自於桑塞爾或是波爾多，口感完全不同。

如果喜歡桑塞爾，也可以去嘗試羅亞爾河對岸的普伊芙美（Pouilly-fumé）。同樣是百分百的白蘇維濃，喝了之後就會覺得桑塞爾的口感比較銳利，而普伊芙美的口感比較柔軟。這就是風土條件帶給葡萄酒的影響。如果覺得跟羅亞爾河產區的葡萄酒很合得來，那麼這個產區的其他紅葡萄酒也很值得一試。

總而言之，最重要的是隨心所欲去做各式各樣的嘗試。

珍惜「彷彿被電到」的直覺反應

沒有人第一次買衣服是先剖析穿搭理論才買的吧。大多數人都是到網路上或店面看衣服，覺得「彷彿被電到」就買下了。

請珍惜這個「彷彿被電到」的直覺。在人生當中有許多重要的事情，都是靠著這個「彷彿被電到」的直覺來決定的。

例如「一見鍾情」就是典型的例子。直覺越培養越精準。也許一開始光靠直覺猜不太中，但是在反覆失敗的過程當中，直覺會變得越來越敏銳。

外觀也很重要。「別被眼睛所見的事物給迷惑了，要捕捉它的本質」雖然經常聽到這樣的話，但是外在與本質緊密連結的事物卻非常多。**以葡萄酒來說，就是酒標**。

雖然法律規定必須在標籤上記載某些特定資訊，不過設計、顏色、形狀等，都是交給生產者自行決定。因此，**只要看酒標就能夠看穿生產者的品味，以及想要製造出什麼**

樣的葡萄酒。

如果是使用現代風格設計、顏色明亮時尚的標籤，那麼可以推測出生產者應該是比較推崇現代感的人，其釀造的葡萄酒果實香氣純粹，口感偏向優雅的可能性很高。

如果是像在波爾多或是皮埃蒙特經常看到，讓人覺得從十九世紀以來幾乎沒有更動過的復古傳統酒標，也可以合理推測生產者是傳統主義者，葡萄酒本身也是，極大可能是維持過去的方式釀造，比起馥郁的果實香氣，更有可能是樸素但口感深得行家喜愛的傳統葡萄酒。

一個人的外觀會透露出其價值觀及生活方式，酒標也會道出葡萄酒的風格。

職業棒球史上令人印象最深刻的選手長嶋茂雄，他的打擊理論是「當球高速飛過來時就用力揮棒」「打曲球時要先蓄積力量，在球彎曲時砰地揮棒」像這樣非常直覺式的打法。他靠著這些，打出了比任何理論派更令大眾銘記在心的著名賽事。越磨越亮的直覺，將會凌駕於理論之上，挑選葡萄酒也是一樣的。

培養「看葡萄酒的眼光」

過去擔任餐廳指南神祕客的十年期間，當我在同一個地區連續探訪好幾間餐廳之後，基本上只要看到餐廳外觀，就能大致上猜出是提供什麼料理的餐廳。

溫暖的木製門扉、木製桌椅，紅磚牆與天花板雖具有時代感卻被人仔細清掃得非常乾淨，暖爐中還燒著柴火，像這樣的店家雖然樸實，但應該會提供美味的當地料理。

摩登的玻璃門，室內裝潢統一為白色，光線充足明亮，除了兩幅現代美術畫作外沒有任何多餘裝飾，像這樣的店家，應該可以享受到講究的現代料理。

若能**培養出藉由外觀及直覺來判斷店家的本事，日後即使造訪未曾到過的地方、在沒有事前準備的狀況下也不會踩雷**。你也許會覺得這是一件很困難的事，但這其實是我們早已在進行、極為稀鬆平常的日常。

從小開始，我們與許多人相識，並從中培養了看人的能力。因此，即使是初次見面的人，我們心中也會產生「這個人感覺不錯」或是「這個人八成很討厭」這類的判斷。我們都具備了可以藉由對方的外表、穿著、談吐、眼神、聲調等條件，來看穿一個人本質的能力。

這個判斷的基準，來自於自己的喜好或價值觀。即便這個人對我來說「感覺不錯」，有可能在A眼中卻「令人不愉快」，也有可能對我來說「惹人厭」，但是對A來說是「感覺很棒」。

葡萄酒也是相同的道理，即便是我喝了之後感動到流淚的葡萄酒，也有可能對A來說平淡乏味。每個人都擁有不同的喜好，因此這個世界才會如此豐富有趣。

藉由經驗累積，培養出能夠洞察「符合自己喜好事物」的能力。這是只有自己本身才能做到的事情。

丟掉知識包袱，先喝喝看再說！

每個人都討厭麻煩事。況且葡萄酒是用來休息、讓生活更豐富的產物，並非用來提升工作效率的工具。因此，多數人都希望能迅速、簡單地掌握葡萄酒知識，而不是大費周章學習理論。

為此，市面上出版了許多像是《5分鐘認識葡萄酒》、《開100瓶！一次認識香檳》這類書籍，對於剛開始喝葡萄酒的人來說，或許非常有幫助。

但是，**能讓人簡簡單單了解的，只有簡單的事情而已**。複雜而深入的部分，只用五分鐘是看不出什麼來的。

只要試著將「葡萄酒」代換成「人生」就能明白了。如果有《5分鐘了解人生》、《讀完100本書，掌握幸福生活的關鍵》的書籍，你會相信嗎？

但是，回過頭來說，其實大家根本不需要擔心這件事。想要享受葡萄酒，不需要「了解」葡萄酒。想要度過幸福人生，也不需要了解什麼是人生。

因為想要享受人生，先去閱讀「什麼是人生」這類哲學書的人應該不多吧。比起來，直接去大城市好好體驗一次反而更實際。葡萄酒也是相同的道理。

比起「了解」，不如「先喝喝看」。

嘗試自己可能會喜歡的葡萄酒，這個過程就像人生一樣，可能有失敗的時候，但也正因如此，漸漸就會培養出「第六感」。

想要享受美味的葡萄酒，馬上從昂貴的葡萄酒入門不是一個明智的做法。葡萄酒的口感真的非常多樣化，先從價格較低的葡萄酒開始嘗試，選出幾款符合自己喜好的葡萄酒才是最優先順位。

葡萄酒的喜好完全因人而異，即使指南書或是雜誌給出再高的評價，也不見得符合自己的品味。

因此，**如果遇到自己認為美味的葡萄酒，就去嘗試其他幾款類似的葡萄酒。**若是喜歡勃艮第的酒，就暫時不要轉移目光到其他產地，只喝勃艮第就好。覺得波爾多不錯，那麼短時間內就只喝波爾多。

接下來，若想要品味高一個等級的葡萄酒，只要再把價格區間稍微往上提升就可以了。如果提高價格之後，沒有找出價值與之相符的酒，就應該回到原本的價格區間。因為在現階段，這個價格區間的葡萄酒才是打動你內心的葡萄酒。

透過持續飲用相同類型的葡萄酒，漸漸捉摸出自己的味覺基準。那將會成為試金石，讓你在飲用其他產地的葡萄酒時更容易抓到特徵。

這就和餐廳是相同的道理。如果發現喜歡的壽司店，短期內持續光顧之後，就會建立對於壽司店的基準。如此一來，假使光臨其他壽司店也會立刻知道不同之處，變得更容易捕捉每間店的特徵，並做出定位。

有魅力的葡萄酒以及餐廳比比皆是，雖然很**想要到處嘗試，但是在自己的基準形成之前亂買亂喝，恐怕只會得到非常淺薄的感受。**

如果持續喝同產地或同種類的葡萄酒，開始覺得膩了，就試試看其他國家、產地的葡萄酒，找到與自己契合的葡萄酒後，就聚焦到它身上，暫時只喝那一款酒吧。

葡萄酒的種類多樣化，有的人會執著一定要全部喝過，按排名品飲知名葡萄酒，但我認為，**比起喝遍頂級葡萄酒，深入研究、找出與自己相合的葡萄酒更有意義。**

具有領袖特質的葡萄酒釀造者

葡萄酒的品種與風土條件，就像是樂曲的譜或是歌劇的幕，雖然無法改變，但可以藉由演奏家、演員或歌手的表現帶來嶄新氣象。

以葡萄酒而言，能夠為品種與風土條件帶來新氣象的，就是生產者及釀造者。生產者和釀造者，雖然無法強硬扭曲品種或風土條件的特徵，但是可以藉由栽種與釀造過程，將自己的個性帶入其中。因此，即使同樣是製於蒙哈榭（Montrachet）的酒，也會隨著生產者不同而有不同的風貌。

像莫札特《第40號交響曲》、貝多芬的第3、5、7、9號交響曲，歌舞伎的劇目《假名手本忠臣藏》，或是歌劇的《費加洛婚禮》或《茶花女》等經典曲目或劇目，即使換了表演者，也能夠獲得一定程度的成功。以葡萄園的角度來說，勃艮第的蒙哈榭或是大艾雪索（Grands Echézeaux）、皮埃蒙特的卡努比（Cannubi）也是這樣。

因為葡萄園本身條件優秀，即使不是一流的釀造者，也大抵不會搞砸。

不過，如果演出節目或葡萄園是二流的，釀造者的技術就變得相當重要了。將二流葡萄園的葡萄交給二流的生產者，就會釀造出無趣的葡萄酒。

但是，即便是二流的歌劇，如果由瑪麗亞．卡拉絲[1]來演唱的話，就有一聽的價值。同理，即便是二流葡萄園的葡萄，如果由尚方斯瓦．科旭．杜麗（François Coche-Dury）來釀造，也會有一喝的價值。

當然其中也有粉絲的助攻，只要喜歡的演員或歌手登場就無條件支持。像我，只要是阿圖羅．貝內德蒂．米凱蘭傑利[2]的演奏會，不論是什麼樣的曲目我都一定會去聽。葡萄酒也是，也有只要是亨利．賈耶（Henri Jayer）釀造的葡萄酒，不論什麼葡萄園都沒關係的追隨者。

1 註：瑪麗亞．卡拉絲，美國籍希臘女高音歌唱家，兼備高超的演唱技巧和超凡的舞台表演能力，被認為是歷史上最有影響力的女高音之一。

2 註：阿圖羅．貝內德蒂．米凱蘭傑利，義大利鋼琴家。

釀造者、產地、品種間也要考慮契合度

每一位演員、歌手都有各自適合的風格，葡萄園與生產者之間當然也有。

我很喜歡賈克．菲德烈克．慕尼耶（Jacques-Frédéric Mugnier）這位生產者，但是他那極端纖細的風格，只有在優雅的尚博勒米西尼（Chambolle-Musigny）才能發揮得

淋漓盡致，如果換到以雄偉葡萄酒著稱的科爾通（Corton），可能就格格不入（實際上他也沒有在這裡釀過酒）。

演出《奧賽羅》[1]等戲劇化角色無人能出其右的馬里奧・德・摩納哥[2]，如果改演《波希米亞人》[3]劇中的魯道夫就有點違和。因為英俊威武的德・摩納哥，並不適合詮釋悲催的波西米亞人。

葡萄酒無論從哪邊起頭都沒關係。**如果中意某個品種或產地，就去嘗試同樣品種，或同產地不同生產者的酒；若是喜歡某個生產者的風格，就多喝那名生產者釀造的各種葡萄酒。**只要從自己感興趣的地方開心享受，從哪裡切入都無所謂。

最後補充一點，演出的場地也很重要。以歌劇或歌舞伎而言，我個人只要是在史卡拉歌劇院或是京都四條南座觀賞就會特別興奮期待。同樣，葡萄酒也有與之相符的舞台（像是下班後的餐桌上或是餐廳裡），有時候只要場地對了就什麼都對了。

1 註：《奧賽羅》，是威廉・莎士比亞創作的四大悲劇之一。
2 註：馬里奧・德・摩納哥，著名義大利男高音歌劇唱家。
3 註：《波希米亞人》，由義大利劇作家普契尼改編自穆傑的小說《波西米亞人的生活情景》的歌劇。

感受「喜好變化」的樂趣

我小時候常被教訓「不能挑食」。確實，站在營養學角度來看，均衡吃下各種食材是很重要的一件事。但是**我認為在葡萄酒方面，最好能儘量說出自己的偏好。葡萄酒既然是嗜好品，當然要挑自己喜歡的。**即使大家對某一款葡萄酒讚不絕口，你也沒有任何理由就要掏錢買下。

有一次，我利用與葡萄酒生產者一起用餐的機會，逐桌詢問他們：「今天喝的五款葡萄酒當中，最喜歡哪一款？」每一位的喜好都全然不同，完全沒有集眾人寵愛於一瓶的情況。這的確是一個沒有正確解答的問題。

人與充滿魅力的某一款葡萄酒相遇，喜歡上它，並且開始踏入葡萄酒的世界。那可能是波爾多，也有可能是勃艮第。味覺與喜好因人而異。

喜愛細緻酸味的人，可能會被勃艮第的白葡萄酒或是香檳吸引；喜歡強勁且具有濃厚果實香氣的人，偏好加州葡萄酒的可能性很高；也有人喜歡略帶甜味的德國葡萄酒。這些都是很主觀的。

喜好也會隨著時間大幅變化。過去不太能接受帶有單寧澀味波爾多的人，在體會過熟成帶來的清新優美口感後，也可能轉而愛上它。

過去認為勃艮第紅酒「沒有暢快感」的人，也許某天會沉迷於它纖細高雅的口感。厭惡巴羅洛（Barolo）酸澀感的人，也許有天會被它高貴的香氣所吸引。

在喝葡萄酒的過程當中，喜好也會跟著改變。讓喜好自然變化也是很重要的事。

如果不喜歡波爾多的單寧，那麼不管是多知名的波爾多葡萄酒，對現階段的你來說都無法打動內心，沒有必要白花錢。喝自己當下喜歡的酒就好，暫時忘掉波爾多吧。

也許有天你的味覺喜好會改變，變得非常喜歡波爾多。到那時候，再一口氣挑戰之前覺得很在意的波爾多就可以了。

也有可能一生當中都不會喜歡上波爾多，這也沒什麼關係。即使討厭某一項食材，人生也不會因此就變得貧乏。

無法讓內心產生共鳴的事物，就不需要勉強自己去喜歡，那沒有意義。這點在音樂、小說及繪畫上都是相同的道理。

年輕時完全沒有共鳴的小說，某一天再次閱讀時，竟然被深深打動。這是因為能夠觸動心弦的事物改變了。在音樂方面也是一樣，年輕時無法理解的曲子，多年再聽到反而刻骨銘心，也有這樣的情況。

即使看起來像在繞路，但我們只需要一邊前行、一邊靜靜等待對方搭話就可以了。

「感覺」不會背叛你

雖然說是廣為人知的名酒，但也不見得所有人都喜歡那一款葡萄酒。每個人都有各自的喜好。喜愛羅曼尼康帝酒莊（Romanée-Conti）所產的葡萄酒，不見得喜歡拉菲酒莊（Chateau Lafite Rothschild）的葡萄酒，說不定還討厭哈蘭酒莊（Harlan Estate Red Wine）的紅葡萄酒。

也有即使喜歡莫札特但討厭貝多芬的人存在，這是理所當然的事情。而且這些喜好通常都沒有理由。

我很喜歡義大利的電影，深受盧契諾・維斯康堤（Luchino Visconti）以及米開朗基羅・安東尼奧尼（Michelangelo Antonioni）這兩位導演吸引。但我雖然也看過費德里柯・費里尼（Federico Fellini）的作品（《生活的甜蜜》甚至看了好幾遍），認同他是擁有偉大才能的巨匠，卻沒有辦法像維斯康提或是安東尼奧尼如此打動我的心。對此，我也說不出個明確理由，一切都是「感覺」的問題吧。

我想，不論是誰都有喜歡的小說家或音樂家，多數人大概也不會去探究為什麼喜歡的理由。像是比起披頭四，更喜歡滾石樂團；比起三島由紀夫，更喜歡川端康成，這些都是個人喜好。然而，這個喜好，就是最重要的事。

不是文學研究家，就沒有必要硬去閱讀跟自己感覺不合的作品。好好享受喜歡的作品就可以了。

料理也是相同道理，即使是眾星拱月的米其林三星餐廳，對我來說也存在很多完全感受不到魅力的店，有時候反而是被那些無名小餐館打動。

站在葡萄酒的角度來看，好惡分明是一件好事。有些人為了「我還不懂勃艮第的魅力」或是「我無法喜歡上巴羅洛」而煩惱，其實，有什麼關係呢？**如果不喜歡勃艮第或是巴羅洛，那就沒有必要去喝它，去喝跟自己感覺相合的葡萄酒就可以了。**

當然，人的喜好會改變，總是喝波爾多的人，也有可能突然喜歡上了勃艮第。到了那時候，就改喝勃艮第吧。

經常有人詢問我「這是好的葡萄酒嗎？」，比起「好或不好」，更重要的是「你喜歡還是不喜歡」這款葡萄酒呢？

與命定味道相遇！葡萄酒「聯誼」理論

想瞭解陌生的對象時，和一對一見面相比，聯誼多了兩項優點。

一項是可以和其他人做比較。如果是一對一，就只能看著眼前的人，而在聯誼時，可以跟其他的男性或女性比較，判斷出各自的魅力以及個性。

另一項優點是，可以知道對方在團體中扮演什麼樣的角色。是受朋友們照顧的人？還是具有領導魅力的人呢？或是總是擔任吃力不討好的角色？這些都能從觀察團體中的對方來得出結論。

葡萄酒也是這樣，只喝一瓶的時候，當然只能靠它來判斷喜歡還是不喜歡。但如果舉辦「葡萄酒試飲會」，決定一個主題，就可以同時喝到不同的酒。例如，今天要喝七瓶二〇一五年的波爾多，或是八瓶西西里的黑阿沃拉（Nero'd Avola）。

一個人很難一次喝好幾瓶葡萄酒，但是聚集十個人的話，就可以平均分攤酒錢，試飲八種葡萄酒也不會負擔太大。

葡萄酒試飲會就像是葡萄酒的聯誼。優點是可以比較不同的酒。例如飲用相同葡萄園、相同年份產的葡萄酒，自然更能分辨出釀造者的風格與技術優劣。

同樣是使用夏多內葡萄釀造的白酒，試飲過法國勃艮第、義大利、加州、智利、南非等不同產地的酒之後，會更容易把握每個產地的特徵。

將來自同一位釀造者（例如阿曼．盧梭酒莊），但同村莊（例如勃艮第的熱夫雷尚貝坦村）不同葡萄園的酒排成一列，各葡萄園的特色就更一目了然（優美細緻、強而有力、清新、果香濃郁等等）。透過比較，讓本質更容易被看見。

即便沒有特殊的主題，集結六位朋友，一人出幾百元，各自到超市或是便利商店買自己感興趣的葡萄酒帶過來，大家一起喝也可以。

如此一來，就能從喜歡白酒還是紅酒開始，再到喜歡清新或果香風格，喜歡或不喜歡單寧強烈的味道等，反覆嘗試過幾次之後，逐漸掌握自己的喜好。

多去幾次聯誼，不僅能夠更明瞭自己的喜好，也有可能因此與命定的對象邂逅。

迫不及待想開瓶時，先選低價的葡萄酒

我之前擔任葡萄酒指南的品酒師十年，每年都要試飲幾千款年輕葡萄酒。

要判斷年輕葡萄酒的真正價值不太容易，就像是看著一塊原石，要辨識出它會變成

哪一種寶石，或是看著幼稚園的孩子們，想像他們將來會長成怎樣的人一樣。

我在品飲年輕葡萄酒時，**腦中總是會浮現出高中棒球隊少年的身影**。在甲子園賽活躍的選手，**將來未必能成為職業棒球選手，甚至辦不到的情況反而比較多。這取決於那名選手的潛力與成長空間**。

在甲子園初賽就已經很優異，年紀輕輕就能使用變化球、將打者玩弄於股掌之間的「技巧派」投手，許多後來都無法再繼續成長。

另一方面，投快速球時，球速快，但是技巧粗糙且不穩定的投手，反而更有可能在成為職業選手後繼續成長。變化球可以之後再學，但直球卻無法簡單變快。

因此，當需要評鑑**年輕葡萄酒時，並非判斷它「現在如何」，而是需要推敲它「將來有多少成長空間」**。

風格顯著的葡萄酒，在年輕時很難看出由葡萄園導致的優劣，也有覺得次等葡萄園的酒，比頂級葡萄園的酒還要美味的情況。

這時，浮現在我腦海中的是勃艮第的杜卡皮酒莊（Dugat-Py）與皮埃蒙特的沃吉歐酒莊（Roberto Voerzio）。他們最頂級的葡萄酒雖然從年輕時期就引入入勝，但遠遠不及它熟成之後的複雜度及風味。與之相比，可作為基酒（base wine）的葡萄酒，從年輕時期就魅力全開。

當然，經過五到十年後，頂級葡萄酒就會開始發揮它真正的價值，而基酒則會逐漸衰老。因此頂級葡萄酒才會被定下高昂的價格。

但如果現在立刻就想要喝的話，比起昂貴的葡萄酒，我更建議購買便宜的基酒。**因為在年輕階段就已經是全盛時期的狀態，相當划算。**具有長期熟成能力的昂貴葡萄酒，如果沒有耐心等待熟成的覺悟，也不必花費大把銀子購買了。

為速食社會的葡萄酒默哀

關於葡萄酒的熟成，在全世界都有這樣矛盾的現象出現——**需要長期熟成才有意義的葡萄酒，常常在熟成之前就被喝掉了。**

名聲高、產量少的釀造者所釀造的葡萄酒，想當然爾是一瓶難求。有的一流生產者甚至「希望自己的葡萄酒只在高級餐廳出現」，或者認為「高級餐廳才配得起我生產的葡萄酒」，於是將大部分的酒都賣給了餐廳，一般消費者想購得，簡直比登天還難。

甚至特地造訪高級餐廳，雖然能喝到一流的葡萄酒，但也僅限於比較年輕的酒。

過去，餐廳會確實將這些葡萄酒靜置熟成，放到適飲期之後再記入酒單當中，但現在，有這樣餘裕的餐廳逐漸消失了。距離適飲期還很久的葡萄酒，已經全都在單上。

當然，這些葡萄酒年輕時飲用也很美味，但是這時期的它們，只有發揮原本實力的30%左右而已。然而，因為一下子就會賣完，即使明知道還太年輕，也只能硬著頭皮喝，否則下次再來的時候已經完售了。

現今，本來應該等待二十年以上熟成的葡萄酒，像是拉維利奧酒莊（Domaine Francois Raveneau）釀造的夏布利（Chablis），或是科旭．杜麗酒莊（Coche-Dury）的默爾索（Meursault），這些大部分都在五年之內就被喝掉了。**費盡心力釀造出來的葡萄酒，卻在還沒發揮真正價值之前就被喝掉了。**雖然悲哀，但是在資本主義結構之下，這也是無可奈何的事。

有缺點的葡萄酒才有意思

比起品行端正無可挑剔的人，我們更會被多少有些缺點，但是性格很有意思的人吸引，葡萄酒也是相同的道理，「即使不完美也沒關係，只要能夠吸引我就好了」。

這點在歌手身上也能得到應證。雖然有許多歌唱技巧非常完美的歌手，但這些人不見得賣座，倒不如說，太完美的歌手反而不太有人氣；另一方面，有些歌手即使連場面話也不太會說，但卻因為風格獨特的唱法而令人印象深刻，反而大受歡迎。

不論是歌唱技巧或是葡萄酒，比起完美與否，更重要的是能否打動人心。

令人留戀的95%成熟度

在過去，決定葡萄可否收成的重要指標是糖度。糖度會決定釀成酒後的酒精濃度。當時具有一定的酒精濃度，被視為好葡萄酒的證明，因此在葡萄達到必要的糖度（＝必要的酒精濃度）時就會收成。然而，如今比起酒精濃度，葡萄中所含的酚類物質（多酚）是否成熟，被視為更要緊的事。

多酚是富含於種子及果皮中的物質，相當於葡萄酒的骨骼，也是造成澀味的原因，為單寧、成為色素的花色素苷等物質的總稱。

法國人的吸菸率高，也常攝取油脂含量高的食物，但心血管疾病的發生率卻很低，這樣的弔詭現象稱為「法國悖論（French Paradox）」，被認為是托了紅酒多酚的福。

若不讓酚類物質完全成熟，就會釀造出具有生青感且帶有澀味的葡萄酒。過去以酒精濃度決定收穫期的葡萄酒，單寧多半具有攻擊性，口感也很澀，很多都是不熟成就不能喝的葡萄酒。

使用酚類物質完全成熟的葡萄釀造出的酒，單寧很溫潤，甚至可以感受到甘甜味，幾乎沒有尖銳刺感，而是如同天鵝絨般的柔順。因此釀造者們紛紛轉而使用酚類物質完全成熟的葡萄。

雖然只是我個人的喜好，但我覺得使用多酚成熟的葡萄釀造出的葡萄酒，實在很無趣。全部都很完美，沒有任何污點的葡萄酒一點都不吸引我。

我不喜歡酚類物質完全成熟的葡萄釀造的酒，反而比較喜歡使用成熟度95%左右的葡萄釀的酒（一九七〇年代良好的葡萄酒，酚類物質大多是成熟到這個程度）。**它們擁有令人舒暢的生青感，不那麼具攻擊性，又帶給葡萄酒恰好的活力，那未完全成熟的部分，我非常滿意。**

義大利皮埃蒙特的一九九五年份收穫期，那一年降雨持續至9月初，是個涼爽的夏季，但直到十月都是日照充足的好天氣，屬於晚熟的一個收穫年份。一九九五年份的葡萄酒，多酚正是我喜愛的95%成熟度。經過了二十五年的現在，一流釀造者所釀造的一九九五年份巴羅洛或是芭芭萊斯科，都還維持在新鮮的最佳狀態。

我曾嘗試將這件事情，向擁有巴羅洛與芭芭萊斯科葡萄園的義大利葡萄酒帝王Angelo Gaja抱怨過。

「我非常了解你的心情，我個人也很喜歡一九九五年份的葡萄酒。但只要稍微有一點澀味，就很難打入美國市場。」這是他給我的回答。美國人喜歡沒有污點的葡萄酒。

也許我就是那個比起滿月，更喜歡農曆十六月亮的人。不管怎麼說，吸引自己的葡萄酒才是最棒的葡萄酒。

喝遍喜歡的葡萄酒的全部年份

葡萄酒的香氣、口感、特徵會隨著收穫年份而有極大的差異。

在涼爽的年份，會釀造出酸味較強的清新葡萄酒，在暑熱的年份，則會誕生出擁有強烈果實香氣的酒。隨著當年的氣候，葡萄酒的差異相當大。

世間大多會以優劣來評斷收穫年份。像是「一九八二年是日照充分的偉大年份」或是「二〇一四年是一直下雨的壞年份」。

實際上也有非常詳細的葡萄酒年份表（Vintage Chart），為各個年份打上分數。分數高的年份就是「好年份」，反之，分數低的就是「壞年份」。

大多數人都會想，既然要喝，就喝好年份的葡萄酒。因此偉大年份的葡萄酒人氣非常高，壞年份的葡萄酒則時常滯銷。

在釀造者講座當中，也經常有人提出關於年份的問題。「對你來說最棒的年份是哪一年呢？」「二〇二〇年是怎樣的一個年份呢？」類似的問題此起彼落。

我對其中一位釀造者的回答印象非常深刻。

「對我來說，所有的收穫年份都像是自己的孩子一樣。雖然它們各自擁有不同的特徵，但是沒有優劣之分。我全都喜歡。」

假設自己有十個孩子，其中有高挑的孩子，也有嬌小的孩子。有勤奮的孩子，也有鬆散的孩子。有喋喋不休的孩子，也有沉默寡言的孩子。他們只是各自的性格不同而已，沒有哪個比較優秀或遜色，每一個都是我可愛的孩子，如此而已。

這位釀造者不評斷優劣，平等地愛著每個不同收穫年份的特徵，希望大家可以找到發揮它們特徵的喝法。

在風味濃厚年份收穫的紅酒，年輕時非常頑強不順口，但稍微熟成、單寧等物質的含量下降之後再喝，就能享受雄壯的口感。

而年份較弱的葡萄酒，大多可以感受到濃厚的收穫年份所沒有的，惹人憐愛又纖細的果實香氣。而且多數從年輕階段就能品嚐，不需要久放再開瓶。

白葡萄酒的話，收穫年份寒冷的酒，比較適合先熟成至銳利的酸度降低後再享用；

炎熱的收穫年份，則可以從年輕的階段就享受到豐潤的果實香氣。

即使是同一座葡萄園、同一家釀酒廠的葡萄酒，隨著收穫年份不同，也會展現出不同的風貌。與其急著評論優劣，我更希望大家可以去享受其中的差異性。

每當喝到喜歡的葡萄酒，我就會去搜尋不同年份的該種酒品飲。**透過感受收穫年份間的差異，更能逐漸看見那款葡萄酒的本質，對此，我總是非常雀躍。**

只挑好年份喝，就自以為通盤了解那款葡萄酒，就像只看代表作就斷定那名畫家或作家好壞是一樣的行為。

雖然《格爾尼卡》與《亞維農的少女》都是傑作，但如果認為只憑著這兩幅畫就可以理解畢卡索，那就大錯特錯了。不論是藍色時期，或是新古典主義時期，都能讓我們看見畢卡索珍貴的一面，有時甚至會被他年輕時的練習作品吸引而產生興趣。**只喝好年份的葡萄酒，就跟只聽歌手的主打歌是一樣的道理。**

想要粗略認識某位歌手，只要知道他的代表作就行了。但是，當你去參加喜歡歌手的演唱會時，並不會只聽見他的暢銷歌曲，一定也有較不熟悉的曲子包含在裡面，那就是那名歌手現在想要傳達給大眾的事物。所以，如果想更深入了解，最好的方法就是認真感受所有的歌曲。

如果喜歡上某一款葡萄酒，建議就大方與各收穫年份的它交往看看吧。

勃艮第葡萄酒的「職人定價方式」

波爾多的葡萄酒價格會隨著收穫年份而變動。如果是獲得高評價的年份，就算再貴也賣得很好，價格往往高到驚人；如果是評價低的年份，就會為了賣完而降價。波爾多葡萄酒的價格是採取這樣的計價方式。

至於勃艮第的釀造者，基本上不會像波爾多那樣調整價格。雖然近年來，每年價格都在逐步上升，但卻與收穫年份無關。

波爾多的葡萄酒價格，是依據「市場供需狀況」調整，與之相對，勃艮第則是以「職人的角度」去設定價格。

「我釀造這款葡萄酒花了這麼多成本，加上經營釀酒廠所需的合理利潤，最終就是這個價格。不論是好年份還是壞年份，成本都沒有太大的差異。因此我不會隨著收穫年份而改變價格。如果你覺得沒問題就買，不行的話不買也沒關係。」他們的態度是這樣的。當然這也是因為他們人氣很高，擁有無論什麼樣的收穫年份都能銷售一空的自信才能做得到這點。

勃艮第的釀造者大多擁有許多老主顧，他們每年都會為了領取訂購的葡萄酒而親自造訪酒莊，同時在那裡試飲新年份的葡萄酒，訂購隔年的貨之後再回去。從釀造者還是無名小卒就開始購買的顧客，雖然現在釀造者已經聲名大噪，還是能夠以便宜得驚人的價格購買葡萄酒。

但是，為了要維持顧客的身份，每年都必須持續購買葡萄酒才行。如果做出「這個年份我不喜歡所以今年不買」的決定，就會從顧客名單當中被剔除，無法再恢復身份。必須長期、持續購買下去。

勃艮第的釀造者不會隨著收穫年份而變動價格，所以遇到霜害或是冰雹襲擊，生產量大減的年份，就會賺的比較少，產量充足的年份則會賺的比較多。將這些平均起來，就是葡萄酒的價格。

勃艮第的計價方式跟壽司店很相似。魚價會隨著天候因素而有劇烈變化，但不可或缺的食材（例如江戶前壽司的小鯽魚或是鮪魚）即使明知會赤字也不得不買。

雖然也有鮪魚一貫變成五千日圓的日子，但不可能跟客人收取這樣超乎常理的費用，因此那一天只能忍痛虧本，等到鮪魚價格回漲的日子，再將損失的部分賺回來。以長遠的眼光來看，不僅合理提升了利潤，也不會讓客人突然面臨價格的飛漲。

造訪熟悉的壽司店時，價錢結帳都差不多，雖然有店家完全賺不到錢（弄得不好就會虧損）的日子，但也有賺很多的日子。顧客通常不會在意這種不懂人情世故的問題，而是因為信賴關係繼續造訪。

勃艮第的顧客不會嚷嚷著「今年產量似乎比較多，請幫我降低價格吧」，釀造者也不會說「因為今年的收穫量少，所以價格要調漲三倍。」這樣的話。

雙方之間基於信賴而產生的默契，就是以職人角度去設定的價格。

葡萄酒的釀造方式會隨著價格設定而改變

波爾多和勃艮第葡萄酒定價的差異，也代表了釀酒時最根本方法上的不同。

與英國關係深遠的波爾多，受到盎格魯-撒克遜資本主義（Anglo-Saxon capitalism）模式的影響較大，會隨著市場供需來決定價格。因為葡萄酒的產量有限，需求增加，價格就會高漲；需求減少，價格就會下降。

波爾多知名莊園的葡萄酒價格，近三十年來高漲將近十倍，但這並非是因為釀造成本變成十倍，而是需求高了十倍。

需求增加後價格變貴是理所當然的事，這跟股票市場是一樣的道理。價格掌握在需求與供給上，直到抵達消費者能接受的天花板為止，價格都會持續上升。

雖然並非所有波爾多酒莊都是這樣，但基本上盎格魯-撒克遜資本主義式的釀酒者，重視的是提供市場需求的葡萄酒。

無論是擁有濃厚果實香氣，還是能夠快速飲用的葡萄酒，販賣者只需要竭盡所能提供市場需要的商品。

為了解市場需求，市場調查不可或缺。只要有能力以優良的技術釀造出市場需要的葡萄酒，釀造者就能以高價販售，利潤也會增加，變成優秀的經營者。這一點，與販賣汽車、家電的製造業並無不同。

另一方面，職人定價採取的角度則不同。

職人定價的優勢在於，不需要完全傾聽市場聲音。

「我的葡萄園可以釀出非常纖細精緻的葡萄酒，但釀不出風味濃烈的酒。即使美國市場追求風味強而有力的葡萄酒，我也沒有想要提供的意思。如果喜歡我釀的酒就來購買，不欣賞的話，不買也無妨。」抱持著這樣的態度。

只有規模小、品質高的釀酒職人才能做到這件事。

即使是香檳，也只有RM香檳[1]能夠執行這種模式。產量幾百萬瓶的大廠，如果不聆聽消費者的聲音，只有倒閉一途。

以日本而言，大概就是高品質的傳統工藝匠人。不論是漆器還是陶器，只要品質夠好，絕對不乏識貨的收藏者。

這些顧客通常都是被匠人不討好市場、貫徹自己信念的姿態吸引，如果轉而配合市場需求，就會瞬間失去魅力。

傾聽市場後釀造出的葡萄酒，就像是投入好球帶正中心的絕殺球，絕對可以滿足大多數的消費者。但是對某些人來說可能就興致缺缺。

職人釀造的葡萄酒，擁有如果不是那個人、不是那塊葡萄園，就無法釀造出的強烈個性。這對不喜歡的人來說，就單單只是「個性強烈的葡萄酒」而已。但對於喜歡那樣個性的人來說，則是能夠帶給他們獨一無二喜悅的葡萄酒。

以義大利來說，跟波爾多相似的是托斯卡尼，與勃艮第相似的是皮埃蒙特。當然，這是為了讓大家更容易理解而簡化的解釋，在波爾多或是托斯卡尼也有許多釀酒職人，在勃艮第或是皮埃蒙特也有以市場供需為準的酒廠。

有時候只想要符合預期的風味，但也有想要稍微冒險、享受個性派葡萄酒的時候。不如就依照當天的心情，靈活應用這兩種不同風格的酒吧。

1 註：RM（Récoltant Manipulant）指的是由獨立農莊所釀造的香檳，又稱「小農香檳」。由於從栽種、釀造到出貨的所有作業都在酒莊內完成，風格獨特又稀少，相當炙手可熱。

昂貴葡萄酒有何獨特之處？

我每次與過去同在葡萄酒指南工作的友人見面時，總會聊到「味道不好的葡萄酒消失了」這樣的話題。

對於想要在日常生活中享受美味葡萄酒的人來說，現在是非常幸運的時代。在這四十年間，栽培與釀酒技術大幅進步，世界各地都能釀出好喝的葡萄酒。

在約四十年前，有相當多「很臭」的葡萄酒，酸味具攻擊性、單寧強，口感令人不快的酒隨處可見。

因為當時還停留在傳統葡萄農的釀酒方式，不僅酒窖不乾淨，發酵過程也缺乏管理，時常因橡木桶太過老舊、受到污染等因素，使得葡萄酒劣化。

幸好，二十世紀後半開始，隨著釀酒知識漸漸普及，設備逐漸近代化，技術也提升了不少，有著許多缺點的葡萄酒幾乎不見蹤影。

我開始參與葡萄酒指南的工作是在一九八〇年代末期，當時，只要能夠明確表現出品種或風土條件，就會被極力讚揚是好葡萄酒，甚至可以乾脆地將葡萄酒粗分為「沒有缺點、美味的葡萄酒」與「有缺點、令人不快的葡萄酒」兩大類。

然而現今，生產出沒有缺點又美味的葡萄酒已是理所當然。人類是很貪心的生物。現在「只是美味」的葡萄酒漸漸無法令人滿足，於是開始追求更進一步的要素，像是獨特的個性、風味、優美度等，以及別具特色的產地特徵。

但是，這些仰賴的都不是單純的釀造技術，而是一個擁有顯著特徵的產地。**釀造技術的進步可以造就「美味的葡萄酒」，但卻不能保證釀出「獨樹一格的葡萄酒」。**因此，在別具特色的產地所釀造出的葡萄酒，價格就會攀升。

「猜猜哪一瓶比較貴？」毫無意義

有時候打開電視會看到這樣的節目。將價值千元酒和數萬元葡萄酒的酒標藏起來，請藝人試飲之後，猜猜看哪一瓶比較貴。如果猜錯的話，其他來賓就會嘲笑他們是「味覺障礙」或「不識貨」，以此娛樂眾人。

之所以會這麼做的原因，是他們有著「葡萄酒越貴越好喝」的想法，認為高價葡萄酒的美味，一定是普羅大眾都能了解的。這種先入為主的觀念相當天真。

雖然也跟挑選的酒有關，但是像節目上這樣的比較方式，我認為他們選到便宜葡萄酒的機率其實更高。

千元左右的價格帶，已經有許多非常美味的葡萄酒。而且在這個價格帶，符合大眾喜好的葡萄酒反而更齊全。因為這個價格帶的商品流動率高，競爭很激烈，如果不受廣泛的消費者喜愛，就會成為市場中的失敗者，因此大多是連平常不怎麼喝葡萄酒的人也會滿意、接受度高的味道。

但上萬元的葡萄酒就是另一回事了，由於不是一般人能輕易出手的價格，要不是非常知名，就是特徵相當突出的葡萄酒。這個價格帶的葡萄酒，不需要受到一般大眾歡迎，通常是「行家會喜歡」的風味，或是「必須長期熟成」的葡萄酒。

如果以料理來舉例，千元葡萄酒就像是漢堡排或是蛋包飯這種平民美食，而萬元葡萄酒就是高雅的懷石料理，或是像鮒魚壽司、海參卵巢等罕見珍饌。

大部分的孩子都喜歡漢堡排，但是喜歡海參卵巢的孩子很少吧。散發果實香氣的葡萄酒大家都喜歡，但是具有明顯酸味、果實香氣不突出、以礦物味為主的葡萄酒，可能受到行家青睞，大眾的接受度卻不高。

甜美的水果連嬰兒都會喜歡，果香味是人本能上就已認知的美味。但是酸味、苦味、澀味等，是人類在成長過程中才逐漸發達的味覺。

從「美味」的角度上來看，精心製作的漢堡排，完全不輸給高雅的懷石料理，**充滿果實香氣的千元葡萄酒，也不會比以酸味和礦物味為主、只有行家喜愛的葡萄酒遜色。**

完全就是個人喜好。

白松露是義大利秋季的高等食材，但也有很多人討厭它強烈的香氣。海參卵巢和醃海參內臟是高級食材，但畏懼那獨特口感的人卻不在少數。越是稀特，喜好就越兩極。

我也經常在品酒節目中看到，平價的西班牙氣泡酒卡瓦（Cava）對決高級香檳，結果大多數人覺得卡瓦比較美味的情況。這完全不意外。

低價的卡瓦帶著適度的果實香氣，溫和清爽的口感深受大眾喜愛。高級香檳則酸味明顯，不太能感受到果實香氣，雖然具有優美、繁複又清冽的口感，卻不是任何人都能認同其中的價值。

因此，我認為不應該盲目推崇昂貴的葡萄酒。

葡萄酒越貴越美味，僅限於某個價格區間

葡萄酒的價格與美味度，在某種程度上成正比。依照葡萄園的狀態控制葡萄收期，並付出時間與勞力釀造的葡萄酒，到某種程度為止都是價格越高越美味。

以我對日本的觀察來說，雖然不到一千日圓就能買到美味的葡萄酒，但是如果提高預算到費兩千或三千日圓，購買同類型的酒，大多數消費者喝了之後，一定會覺得美味

與順口度隨著價格而提高。

只是，這個正比關係不會無限上綱。**大約超過三千日圓之後（會隨著葡萄酒的類型或產地而有不同，這個數字僅供參考），就未必可以感受到昂貴的葡萄酒比便宜的更美味了**。也會開始出現認為三千日圓的酒比較酒好喝的情形。

即使從事撰寫葡萄酒指南的工作，也經常會發生同一位生產者所釀造的葡萄酒，五千日圓等級的酒，評價反而比一萬日圓的更高的情況。對專家來說，價格也未必等同美味程度。

為什麼會發生這樣的事情呢？

其中一個原因是，**多數人共通的美味基準，超過某條界線後就會變得非常主觀**。

多數人比起淡如水的葡萄酒，會覺得適度濃厚的葡萄酒更美味，也會比較喜歡具有一定程度香氣和口感的酒。而符合這樣程度的酒，以現在的技術而言，只要花費成本就能實現。

然而，個性、品質、細緻度等都是微妙的評價，會隨著飲用者的感官而有差異。即使是釀造者認為十分優美纖細而定下高價的葡萄酒，也有可能因為飲用者不同而得到「這麼貴卻沒有一點值得讚揚，真是浪費錢」的負評。

另外，高單價葡萄酒？時常會發生因為釀造者努力過頭、太渴望釀造出令人驚嘆的葡萄酒，反遭「滑鐵盧」的情形。

要說是太具野心的葡萄酒嗎？總而言之就是想要釀出濃厚又令人印象深刻的酒，結果反而失去了順口與調和的優點，甚至讓飲用者覺得：「與其買這個還不如買次等葡萄酒，喝起來還比較舒服。」

不必追逐高價葡萄酒的理由

價格高不一定代表美味，這在葡萄酒的領域中越來越常見。

勃艮第與皮埃蒙特等知名產地的葡萄酒價格高昂，相較之下，冷門產地的葡萄酒由於沒有名氣，即使相當美味，也會以非常便宜的價格販售。

還有，產量少的葡萄酒（例如規模很小的葡萄園）或是有知名故事背景的葡萄酒（像是拿破崙喜愛的葡萄酒），價格也會比較高。因此，如果你是單純追求「美味」的消費者，一定要避免購買這類被抬價的酒。

餐廳也是，即使販賣相同等級的料理，有三十個座位的店很容易預約，但如果只有吧台八個座位就會很難預約，與這是一樣的道理，由於需求與供給的關係，越稀少、越昂貴。

松露為何這麼貴，就是因為可採集的數量稀少。如果能夠大量採集、大量栽培，價格一定會暴跌。現在屬於庶民魚類的秋刀魚也是，如果捕獲量銳減，就會一躍成為高級魚。價格並非完全取決於價值，而是由需求與供給的關係來決定。

「昂貴的葡萄酒比較好喝嗎？」由於太常被問到這樣的問題，**雖然前面已經敘述過了，但我還是想再強調一次——從低價到中價區間的葡萄酒，就某種程度來說可能是這樣沒錯，但是對於高級葡萄酒，還是要一碼歸一碼。**

舉例來說，有人喝了十萬日圓的葡萄酒後流著淚說：「真不愧是要價值十萬的酒，高雅程度其他酒完全比不上」，也有人會憤慨地說：「這和三千日圓的葡萄酒有什麼差別？實在無法理解」。

凡是超過一個價格區間的酒，就會隨著每個人的主觀而有所差異。

有人非常喜歡畢卡索的畫作，不惜花費幾億元也要入手，也有人完全無法理解而覺得一文不值。就像這樣，隨著人的主觀意識，對一件事物的評價也會有兩極化的差異。

因此，只是單純想享受葡萄酒的話，買太昂貴的葡萄酒其實沒有意義。

第4章 在風味另一側看見的事物

比完美葡萄酒更迷人的是？

毫無瑕疵的葡萄酒，就一定非常吸引人嗎？不完全是如此。因為比起完美，葡萄酒更被重視的部分是其「個性」及「有趣程度」。

可樂或是啤酒（並非精釀啤酒，而是知名品牌釀造的啤酒）的味道必須分毫不差，但葡萄酒是只要有魅力，即使不完美也可以被原諒的飲品。

葡萄酒是反映出產地與釀造者的鏡子

義大利北部的南提洛爾，官方名稱是上阿迪傑（Alto Adige），這個大區直到第一次世界大戰為止都是奧地利的領地，說德語的種族居住於此。這些居民擁有比德國人還要德國的精神，個性非常一絲不苟。

現在這個區域以白葡萄酒聞名世界，他們生產的酒反映出釀造者的特質，總是保持合乎標準的完美，令人無可挑剔，加上價格不貴，可說成功收服了整個義大利，鞏固了白葡萄酒知名釀酒區的地位。

上阿迪傑的葡萄酒是在阿爾卑斯山麓地帶釀造，非常清新，是讓人感受到純粹清澈的卓越葡萄酒。但是太過於完美這點，有時候會給人一種無趣的印象。

距離上阿迪傑八百公里左右的義大利半島，往南下方向有個地方名叫拿坡里。以拿坡里為首都的坎帕尼亞州（Campania）也是知名的葡萄酒產地，從古羅馬時代開始至今，持續釀造出優秀的葡萄酒。

坎帕尼亞州居民的性格，幾乎與上阿迪傑的一絲不苟完全相反，**他們是一群壓根不在乎細節，非常大而化之、富有創造性的人們。**

而這樣的特質也反映在葡萄酒上。**比起精心釀造出毫無缺點的葡萄酒，他們的酒大多是依從當下的靈感或心情，趁興一口氣釀造出來的不羈風格。**

雖然常常有缺點，洋溢著活力的香氣與充滿氣勢的風味，帶有某種粗糙與狂野的感受，我認為非常吸引人。

親臨產地就能理解的「風土條件」

我一年中約有三分之一的時間都在走訪國外的葡萄酒產地，在日本期間也經常往返東京與京都。在往復的過程中，我驚訝地發現兩地濕度的差異。雖然氣溫沒有太大的不，但是濕度完全不一樣。

我非常在意這點，於是拿了濕度計測量。舉冬季為例，京都的濕度是55～65%，但是東京的濕度是20～35%。在京都出生、成長的我，每當從京都車站下車，總會感受到濕潤的空氣撲面而來，而從東京車站下車之後，就覺得空氣十分乾燥。

迥異的氣候，也會大大影響當地人的特質。如果想理解某個地方，我認為必須實際去當地感受，讓肌膚接觸那裡的空氣與陽光。

葡萄酒的產地也是相同道理。雖然在圖表上就能看到平均氣溫、平均雨量等資訊，但果然還是百聞不如一見。去到當地就能實際以自己的肌膚去驗證，透過葡萄酒感受到的太陽、阿爾卑斯的風以及海風等風土條件。

現在葡萄酒觀光蔚為風潮。接受參訪的釀酒廠越來越多，也出現許多附設餐廳和住宿設施的酒莊。

若是對葡萄酒的產地特徵有興趣，請務必前往造訪，一定能有深刻的領悟。

「假行家」心態衍生的假酒事件

試著只相信自己的舌頭所感覺到的，無視其他部分吧。

只要自己覺得好喝，不管別人說什麼，那就是最棒的葡萄酒。無論人們再怎麼讚揚，如果沒有打動自己內心半分半毫，就是沒有必要花心思的葡萄酒。對自己坦率，比其他任何事都還重要。

大家都渴望成為「喝得懂高級葡萄酒的人」，也由於這種心態，曾經衍生出一個「假行家」事件，那就是發生在約十三年前，在義大利的一起「布雷諾假酒醜聞」。

在托斯卡尼釀造的布雷諾蒙塔奇諾紅酒（Brunello di Montalcino），由於被譽為義大利最好的紅葡萄酒而頗負盛名。

布雷諾是只使用百分之百生長在義大利中部的桑嬌維塞（Sangiovese）品種葡萄所釀製，**絕對不允許其他品種混入其中。然而後來卻被發現，實際上這款布雷諾當中混入了許多國外品種的葡萄（赤霞珠、梅洛等）**。為什麼會發生這樣的事呢？

那是因為雖然桑嬌維塞是偉大的品種，但是它的酸性強、單寧很強烈，對於喝不慣的人來說稍具攻擊性，因此即使具有纖細的果實香氣，一般人也並不容易察覺到，比較偏向「行家限定」的品味，在國際市場上並非接受度高的品種。

然而，由於布雷諾蒙塔奇諾的名聲很大，美國有許多葡萄酒愛好者都想一親芳澤。**只是美國的消費者並不喜歡又酸、單寧又強、果實香氣低的桑嬌維塞口感。**

那樣的話，就不要喝布雷諾，去喝梅洛或是赤霞珠就好啦，雖然我們會這麼想，但或許他們更喜歡的是那個喝了名聲響亮的布雷諾的自己。

不幸的是，擁有這種矛盾心態的美國消費者，購買能力非常高。結果，**蒙塔奇諾的釀造者為了滿足他們而打破了釀造規則，將赤霞珠或是梅洛混入桑嬌維塞當中**。釀造出了美國人喜愛的，帶有馥郁果實香氣、濃厚又口感溫和的布雷諾。

藉此，美國的葡萄酒愛好家們得到了符合自己口味的葡萄酒，與喝了名聲響亮布雷諾的自己（或是可在社群媒體上宣揚的自己）這樣的雙重滿足，布雷諾非常成功地佔據了美國市場。

布雷諾假酒醜聞與過去的葡萄酒假酒事件，本質並不相同。過去為了降低生產成本，曾發生過在葡萄酒當中混入甲醇或是抗凍劑的案例。我認為絕對不能原諒這類罔顧人命的惡質行為。

不過，**在布雷諾假酒醜聞中，葡萄酒的品質並沒有下降，對美國消費者而言，反而還提升了**。被捲入假酒醜聞的葡萄酒（混入外國品種葡萄的布雷諾），甚致在美國的葡萄酒雜誌中破天荒得到高評價，暴漲到一百美金以上的價格，無比暢銷。是一款不遵守釀造規則，卻仍然維持高品質的葡萄酒。

與其執著品牌，不如相信自己的味覺

與此類似的事情，在京都料理界也曾經發生。那是關於夏季名物海鰻產地的事。據說在日本，淡路島周邊的海鰻是最美味的。有許多老饕非常講究吃的海鰻是否源自淡路島。

但事實上，大約從二十幾年前開始，韓國產的海鰻更受歡迎，市場價格也很高。韓國海鰻因肉多、口感獨特而擄獲人心，特別是被稱為「湯引（おとし）」的烹調方式，在熱水中迅速汆燙後，白色的海鰻在熱水中有如牡丹般盛開，給人華麗的印象，視覺上非常美麗。

與之相比，淡路島的海鰻就稍微瘦了些，但是具有醇厚的味道，皮也較硬，迅速炙燒過後跟胡瓜拌在一起吃是絕品，這是越咀嚼、越有味道的行家口味。

無論是產自何處的海鰻，只要能活用各自特徵來料理就可以了吧？然而，實際上並非如此。許多客人對本國食材有著強烈執著，認為高級餐廳就應該提供「淡路海鰻」，如果提供的是「韓國海鰻」就會擺臉色。

更奇怪的是，當店家實際提供淡路島海鰻時，他們卻會抱怨：「不只咬起來乾瘦，看起來也不夠華麗。」瞞著他們，偷偷提供韓國產的海鰻時，他們便會開心稱讚：「不愧是淡路島產的，肉質柔軟，口感又香醇啊。」正因如此，許多高級餐廳不得不將韓國海鰻說是淡路島的來提供給客人。

這就是僅憑知識想像，跟實際吃起來覺得美味的事物不一致時衍生的問題，與布雷諾醜聞一樣，是因為消費者假裝行家的態度而造成的局面。

我只相信靠自己的舌頭能夠辨別的事物。在壽司店或料理店嘮叨追問魚產地的人，難道是靠著雙眼來吃魚的嗎？不管鮪魚是來自大間還是戶井，只要品嚐的時候覺得美味就好了。只要是經過我所信賴的壽司職人鑑定的鮪魚，就算是波士頓的冷凍鮪魚我也可以接受。

據說有位米其林三星的壽司職人，對於「請問這是哪裡產的海膽？」是這樣回答的：「產自大海。」

如果即使親自吃過也無法分辨產地，那麼不論食材來自哪裡都無所謂不是嗎？畢竟，那已經是職人親自從市場採買的當季最棒食材了。

風土條件的魔力

在葡萄酒愛好者中，有許多人是被葡萄酒與產地特徵的關聯所吸引。從葡萄酒的香氣與口感，想像孕育出這些要素的風土條件，因此漸漸對於產地的景象懷抱著憧憬。單純想喝美味的酒精飲料而去喝香檳的人，只要品嚐那充滿活力的酸度與礦物味就相當滿足。

但被產地特徵吸引的愛好者，會從充滿活力的酸度聯想到產地涼爽的氣候，並猜想這款酒也許是在雨量較多的地區釀造的吧，礦物味則讓人想起白色的石灰土壤，甚至在眼前浮現出香檳區美麗的丘陵風景。

在這層意義上，**葡萄酒並不單單只是杯中物，而是能讓人看見並感受到其背後的產地、葡萄園、風景、光、空氣、歷史等，是有如詩一般能喚醒感受力的飲品。這意味著葡萄酒不僅止於帶給我們香氣及口感的官能享受，也帶給我們知識與文化層面的喜悅。**對於葡萄酒愛好者來說，這一點極具魅力。

無關技術，只要擁有其他地區沒有、獨一無二特徵的葡萄酒，價格就會高漲。另一方面，風土條件的表現不強烈、在其他產地也有相似特徵的葡萄酒，價值就會變低。

當然，風土條件的價值在某種程度上，大多會與葡萄酒的美味程度成正比。但是比起美味，令人印象深刻的個性與稀有程度更為重要。

從瞭解風土條件來欣賞葡萄酒的「個性」

風土條件的魅力，有時候會將人帶往「不合常理」的方向。**讓人即使犧牲美味也要追求各個葡萄園的特徵**。

將好幾處葡萄園的葡萄混合起來釀酒，這個作法早已行之有年。由於每個葡萄園有各自的特徵，例如A葡萄園是朝向東方的砂質土壤，具有花香味，香氣濃厚且優美，但是產出的葡萄酒比較微弱；B葡萄園則是朝向西方的黏土土壤，具有香料及皮革的香氣，能夠產出非常強勁有力的葡萄酒。將A與B混合之後，就能互相補足，釀造出更美味的葡萄酒。

透過互補關係混合出來的葡萄酒，並非1+1=2，而是3甚至4。

然而，風土條件的信眾們非常討厭這種作法，雖然葡萄酒會變得美味，但是就看不見風土條件的特徵了。

義大利有一道菜叫做義大利雜菜湯（Minestrone），是一道將各式各樣的蔬菜共同燉煮的湯料理。藉由熬煮的過程，每種蔬菜的甘甜交織成一體，非常美味。以葡萄酒而言，就好比將不同葡萄園的葡萄混合釀造而成的美酒。

但風土條件信眾的哲學是，為了要弄清楚每一種蔬菜的特徵（包含優點和缺點），應該拒絕將它們放在一起熬煮。

收穫年份的問題也與此相同。葡萄酒的味道會受到那一個年份的氣候影響而改變。若是涼爽的年份，果實香氣較弱，酸度變強；炎熱的年份，果實香氣則會變得豐厚，酸味柔和。如果將互補關係的兩種年份混合，葡萄酒確實會更美味，但就會無法辨識年份各自的特徵了。

除了混合不同年份的氣泡葡萄酒外，風土信眾多半認為葡萄酒必須以單一年份釀造。即使混合的味道更貼近「完美」，但這些人不以此為目標，反而樂於從欣賞的角度品味葡萄園與年份的特徵，充分感受每支酒獨特的個性，無論優缺點概括接受。

這與僅使用同一間蒸餾所、以原酒釀造而成的單一麥芽威士忌是相同道理。雖然以優良的攪拌機混合兩種以上原酒的調和麥芽威士忌可能更美味，但誕生自不同地區的水、氣候、風土的個性，才是單一麥芽威士忌的魅力所在。

如果比起「好喝」，你更欣賞「有缺點但個性強烈」的特質，那麼單一麥芽威士忌與葡萄酒，絕對都值得你一試。

凌駕於品種之上的風土特徵信仰

在歐洲，特別是法國的勃艮第葡萄酒釀造者，對於風土條件的信仰特別強烈。

這是我去拜訪位於勃艮第的馮內侯馬內酒村的拉盧・貝茲－勒魯瓦（Lalou Bize-Leroy）女士時發生的事情。我的朋友一邊品飲她釀的酒，一邊說了些關於黑皮諾葡萄（勃艮第紅酒只會使用黑皮諾來釀造）的特徵之後，她以嚴肅的口吻提出了反論。

「我雖然使用黑皮諾來釀酒，但是我的酒表現出來的並非品種特徵，而是大艾雪索（Grands Echezeaux）與李奇堡（Richebourg）這些葡萄園的特徵。」

她認為，**品種只是一種手段。因此，如果自己釀造的葡萄酒只能感受到品種特徵，那就是慘敗，能讓飲用者感受到風土特徵才是最終目的，才是真正偉大的葡萄酒。**

雖然已經是二十多年前的事，波爾多的知名釀造家克里斯蒂安・穆埃（Christian Moueix）也曾說過：「在最好的葡萄園、最佳收穫年份的條件上，我有時候也會分不出卡本內佛朗（Cabernet Franc）和梅洛的差異。」

歐洲特別看重風土條件，風土條件凌駕於品種特徵之上的葡萄園，才稱得上一流。

若對信奉風土條件的歐洲人說，釀造日本酒的米不一定是那個釀酒廠地區的米，他們大概會非常詫異吧。例如，在新潟的酒當中使用兵庫縣產的山田錦米雖然很常見，但他們一定會受到很大的衝擊。他們大概不敢置信日本酒不會反映出當地的風土條件，必須告訴他們日本酒會反映出那塊土地的水與氣候，他們才會比較安心。

因此，在向執著於風土條件的歐洲介紹日本酒時，曾經還鬧出了將大吟釀、吟釀，誤以勃艮第酒標上的Grand Cru（特級園）和Premier Cru（一級園）來介紹的笑話。

註：勃艮第有AOC分級制度，將葡萄酒分為四等級，由低至高分別為地區級、村莊級、一級園、特級園。

孕育自艱困風土條件的偉大葡萄酒

我曾經有幸與波爾多大學的釀酒學教授，同時也是釀酒顧問的丹尼斯．杜博迪（Denis Dubourdieu）共進晚餐。

他曾提出一個有趣的主張——**「在葡萄容易成熟的產地，很容易生產出無趣的葡萄酒。在較寒涼、日照不充足等艱難的條件下，千辛萬苦才能收穫葡萄的產地，反而會誕生出偉大的葡萄酒。」**

實際上，在歐洲也是，接近葡萄栽培最北限度的法國北部及德國，從過去開始就因為投注極大的努力，才得以持續產出偉大的葡萄酒。

另一方面，自古以來就被譽為葡萄酒的大地（Enotria Tellus），十分適合栽培葡萄的義大利，則由於太依賴受到眷顧的地理環境而懈怠，直到四十年前都還在滿足於大量生產低品質的葡萄酒。

法國是將艱難的劣勢轉化為優勢，釀造出偉大葡萄酒的國家。不論是勃艮第還是波爾多，要掌握葡萄的成熟期變得越來越不容易（至少在地球開始暖化之前是如此）。

香檳地區也是另一個極端的例子。過於涼爽的氣候讓葡萄的糖度無法上升，可說是無法釀造出普通葡萄酒的產地。但他們將劣勢轉為優勢，想出了所謂「瓶內二次發酵」的製作方式，成為享譽全球的知名氣泡酒產地。

受到下雨及日照不足的天候影響，法國是葡萄很難成熟的產地。不過，由於葡萄是在完全成熟前收成，因此釀出的葡萄酒能夠保持新鮮的酸度，總是帶著非常優美又清新的口感。

直到一九七〇年代為止，大多數都是葡萄沒有成熟的年份，偶爾遇到炎熱且日照充足的年份就會被視為好年份。一九四五、一九六一、一九八二這些被稱為偉大年份的，都是十分炎熱的年份。因此，法國至今仍是一個渴望炎熱與太陽的國家。

美國酒的逆轉勝

有一場名為「巴黎審判」（The judgement of Paris）的知名試飲會。那是在一九七六年於巴黎舉行，加州葡萄酒與法國葡萄酒的盲飲ＰＫ賽，破天荒地結果竟然是加州葡萄酒一舉得勝。

這場試飲會讓原本沒沒無聞的加州葡萄酒瞬間揚名世界，甚至被記載在各個相關書籍中。雖然實際上加州葡萄酒的水準的確非常高，不過我的解讀與大眾不同。

就如同前面所述，法國葡萄酒的偉大年份是炎熱的年份。與法國相比，加州是一個得天獨厚、日照充足、擁有溫暖氣候的產地，幾乎每年都很炎熱。因此我認為「巴黎審判」時，法國品酒師在盲飲加州葡萄酒時，感受到的是偉大年份的法國葡萄酒。

畢竟，在品飲時提供的加州葡萄酒，全部都是由法國品種釀造出來的酒。加州擁有法國一直非常渴望與憧憬的、受到太陽眷顧的氣候。因此，來自法國的品酒師不自覺就給出了很高的分數。

這就跟一直吃懷石料理的人偶爾也會想吃牛排，是一樣的道理。懷石料理既精緻、優雅又出色，但偶爾會覺得「吃下去非常爽快」的牛排也不錯，在我看來，那就是加州的葡萄酒。

葡萄酒也是「自己沒有的比較好」？

遺憾的是，人類是一種貪婪的生物，如果每天吃牛排吃膩了，不免又會脫口而出「果然還是喜歡精緻的懷石料理啊」這樣的話來。

我想這就是在「巴黎審判」中，一時被加州葡萄酒吸引的法國人的心情吧。一直喝精緻纖細、雖然耐喝但卻乾癟的法國葡萄酒的人，第一次嚐到具有濃厚果實香氣、富有魅力的加州葡萄酒時，就像第一次吃到牛排的人一樣發出感嘆，但若是持續吃，一定會感到懼怕。

地球暖化也對葡萄栽培造成了很大的影響，跟過去相比，法國葡萄酒產地的葡萄也逐漸能夠穩定成熟。例如二〇〇三年，法國當年因酷暑而死亡的人數飆高，卻也罕見地生產出又濃厚又強而有力、如同加州一般的葡萄酒。

雖然我個人不喜歡那風格，不過法國著名酒評家米歇爾·貝丹（Michel Bettane）卻意外給予相當高的評價，令我非常驚訝。果然，人都會憧憬自己所沒有的事物。

「絕對買到賺到」的葡萄酒

近年來，許多生產者都發下豪語：「我要釀造出忠於風土條件的葡萄酒！」或是「我要讓葡萄酒明顯表現出風土特徵。」業界也散發出稱許與認同的氛圍。

但是，冷靜下來思考就會發現，他們說的話似乎有些怪。因為，風土特徵靠的並不是人為，而是大自然。就像說話時不小心冒出地方腔調一樣，再怎麼努力隱藏還是會不小心露餡，所謂「風土特徵」就是像這樣的事物。

當然也有刻意反其道而行的例子，但是非常少，我也不認為是明智之舉。例如高海拔葡萄園想釀造出濃厚的葡萄酒，或明明是位於平地炎熱氣候的葡萄園，卻追求鮮爽口感等，這種刻意扭曲原本風土條件的作為，非常無理。

釀造葡萄酒時即使什麼都不做，也會有來自風土條件的特徵，只是表現的程度不一，因為**並非所有的葡萄園都擁有明確表達風土條件的力量。風土特徵強烈的葡萄園，不論種植什麼品種的葡萄，都能釀出具有共同特徵的葡萄酒。**

托斯卡尼的經典奇揚第產區，就是一個風土特徵非常明確的產地。在那裡，不論是種植夏多內釀造白葡萄酒，或是種植桑嬌維塞、梅洛釀造紅葡萄酒，都能感受到不受葡萄品種影響的明確特徵（岩石的礦物味、新鮮的酸味、清爽的香料味），是能夠輕鬆展現風土條件的葡萄酒產地。

因此，不論經典奇揚第產區的葡萄酒品種是什麼，即使將酒標藏起來，還是能夠透過仔細品嚐推論出產地。

另一方面，即使同樣是托斯卡尼，靠近海岸地帶的馬萊瑪（Maremma）地區風土特徵就沒那麼強，果香豐富的葡萄酒非常美味，但如果不看酒標，很難猜出產地在哪裡。

在歐洲，至今仍是以風土特徵明確的葡萄酒為王道。就算是再美味的葡萄酒，只要風土特徵不明顯，例如產自馬萊瑪的葡萄酒，價格就會被壓低。反過來說，如果只是想喝美味的葡萄酒，這些產地的葡萄酒絕對是物美價廉的選擇。

風土條件就像是葡萄園的「方言」

如果「風土條件」是葡萄園不自覺冒出的「方言」，那麼當然會有欣賞與不欣賞這個特徵的人。欣賞的人愛不釋手，不欣賞的人棄若敝履。

就像新聞主播不會使用方言說話，而是用大眾都能接受、沒有「特徵」的標準腔調。因為這樣比較保險，僅管也有人覺得方言更有味道。

在葡萄酒界，「標準腔」就相當於坦率表現出「葡萄特徵」，而不顯露「風土條件」的品種葡萄酒。例如大方展露夏多內、梅洛或是黑皮諾特徵的葡萄酒，就是所有人都能放心飲用，受到大眾喜愛的酒款。

剛開始接觸葡萄酒，可以先從沒有「風土特徵」的酒入門，等到逐漸厭倦只有品種特徵、千篇一律的香氣與味道，再去嘗試有「風土特徵」的葡萄酒，感受會更強烈。

如果平常很少喝葡萄酒，或是不太想冒險的人，那麼忠於喜歡的品種葡萄酒，會是最令人安心的選擇。

風土特徵明確的葡萄酒三聖地

勃艮第地區的人對風土特徵懷著強烈情感是有原因的，因為**勃艮第是一個會顯現出明確風土條件的產地**。

要能夠明確在葡萄酒中表現出風土條件，葡萄品種本身的存在感就不能太強。例如在勃艮第被用來釀造白葡萄酒的夏多內，它的香氣中性，容易反映出葡萄園的土地特徵；用來釀造紅葡萄酒的黑皮諾則是纖細的品種，本身的香氣不具侵略性，因此也容易讀取到風土條件。

反過來說，在波爾多被用來釀酒的赤霞珠以及梅洛，就能強烈感受到品種本身的特徵。雖然並非無法刻上風土條件的印記，但因為品種的存在感很強，很難更彰顯出該土地的風土。

此外，由於勃艮第的土壤構成錯綜複雜，只相隔一條道路，土壤就完全不同的情況不勝枚舉，因此很容易辨別出土地特徵。土壤構成越相似的地區，越難看出差異。

另一處風土條件明確的著名產地，是位於義大利皮埃蒙特地區的巴羅洛、巴巴萊斯科地區。這一區是丘陵地帶，海拔高度約在200～500公尺，葡萄園的土地朝向也是東西南北各不相同，因此土壤的差異大，風土變數多，每塊葡萄園釀出的酒都各有千秋。

這裡使用的葡萄品種為內比歐露（Nebbiolo），雖然酸度跟單寧很強，但是沒什麼果實香氣，而是帶著薔薇般的高貴花香，同樣屬於本身特色不會太張揚的品種，因此容易顯現出葡萄園的土地特徵。

最近受到矚目的焦點，則是歐洲最大活火山埃特納火山（Mount Etna）山麓釀造出來的埃特納（Etna）。其海拔高度在300～1000公尺之間，高度懸殊，雖然火山土壤很多，但只有這座自七十萬年前就持續爆發的活火山，會隨著不同時代湧流的溶岩，使得土壤特徵有著極大的差異。

其中，用於釀造白酒的葡萄為卡利坎特（Carricante），雖然酸度強烈，但卻是幾乎沒有特殊香氣的中性品種，容易顯現出風土條件的特徵；而使用於釀造紅酒的馬斯卡斯奈萊洛葡萄（Nerello Mascalese），也是一款相似於內比歐露的優美品種。

以上三個產地的葡萄酒不僅美味，同時也是風土信眾的聖地。

但是我必須再重申一次，將葡萄酒和葡萄園土地緊密連結的「樂趣」，就像是找出一對對圖案相同的牌卡，或是玩撲克牌的心臟病遊戲一樣，熱衷此道的愛好者樂此不疲，**但對於單純只想喝美味葡萄酒的人來說，只有「煩人」而已，非常因人而異。**

是「天才」還是「怪人」？

迪亞哥・阿曼多・馬拉度納（Diego Armando Maradona）在二〇二〇年過世了。

從一九八三年到一九八九年都在義大利生活的我，恰好追上他活躍的時代。當時，義大利的足球甲組聯賽水準非常高，可說是眾星雲集。尤文圖斯足球俱樂部的普拉蒂尼、烏迪內斯足球俱樂部的奇哥、羅馬體育俱樂部的法爾考、佛倫提那足球俱樂部的蘇格拉底，盛況空前。

其中，馬拉度納是最活躍的一位，原本弱小的拿坡里足球俱樂部，因為他的加入判若雲泥，搖身一變成為強大的常勝隊伍。

馬拉度納厲害的地方並非在於他對團隊的貢獻，而是只靠他一人就能讓隊伍在比賽中獲勝。不同於普拉蒂尼是適合團隊戰的偉大選手，馬拉度納是一枝獨秀的類型。

他是一位任性又隨心所欲的男人，經常鬧脾氣不出賽而讓足球隊非常困擾，但他也曾創下在距離結束僅剩十五分鐘時上場，結果瞬間踢進兩球、為球隊拿下勝利的記錄。

這種超人降臨般的模式，完全就是拉丁民族的風格，跟普拉蒂尼穩健的踢球風格背道而馳。對於相信只要向聖雅納略祈禱，聖人就會為我們解決所有問題的拿波里人來說，馬拉度納簡直「正中紅心」。

因此，時至今日，馬拉度納依然是「拿坡里的世紀球王」，他的背號10號成為永遠空缺的號碼。洋溢著創造力與幻想色彩的馬拉度納，以夢幻巨星的身分廣受愛戴。

然而，對此提出另一種看法的是，一九八七年就任米蘭足球俱樂部教練一職的阿里戈・薩基。

他認為足球的區域聯防需要高度團隊合作才能確實執行，他所帶領的球隊多次與馬拉度納抗衡，並展開了多場經典賽事。面對總能出奇制勝的馬拉度納，他始終以堅實的組織戰術來抗衡。

薩基如此說：「對我來說，所謂的夢幻，是在正確的時機點做正確的事情。」不依

賴天才般的創造力，而是領導團隊朝向同一目標，亦步亦趨前進。藉著徹底實踐這件事情，米蘭足球俱樂部成功壓制了馬拉度納，在歷史上留下輝煌成果。

相較於天才的浪漫，「在正確的時機點做正確的事情」毫無情調可言。然而，時常保持動力、抗拒本性的慾望其實相當困難，但也因此能夠呈現出不凡的結果。

酒如此、料理也如此，都是藉由不斷累積細微的事情，將它們一項一項千錘百鍊，才能誕生出偉大的作品，無法像馬拉度納般揮舞魔杖之後就完成。

不斷累積不起眼的「正確的事情」並不容易，由於「沒有話題性」，有些人便以「釀酒天才」或「料理天才」等名號來譁眾取寵，事實上，不過是一般人而已。

當然，我並不否認還是有「天才」存在。以料理而言，費蘭・阿德里亞也許就是一位天才。只是，在同一個時代，全世界放眼望去了不起也就一到兩位，大概不會恰好是你的鄰居吧。

明明不是天才卻被冠上天才頭銜的人，為了表現出「跟一般人不一樣」的地方，只能朝著奇異的道路奔馳而去。像是釀造出異常濃厚的葡萄酒，表現出強烈的酒桶味，使用聽都沒聽過的品種，用意想不到的食材搭配。但是，這樣的「特立獨行」，卻只是留下明眼人一看就會發現的破綻。

我希望大家不要被迷惑了，「不一樣」並不代表「天才」，很多時候只是沒有本事的「怪人」罷了。

真正有本事的人會知道自己的斤兩

在北義大利的曼托瓦（Mantua）與克雷莫納（Cremona）之間的田園地帶，有一間叫做「Dal Pescatore」的餐廳。從一九九六年開始就持續蟬聯米其林三星寶座，是義大利餐廳當中守住三星榮耀最久的餐廳。

主廚是一位名叫娜迪亞．薩丁尼（Nadia Santini）的女性，她的料理非常出色。她最拿手的是當地的家庭菜，看似理所當然的烹調方式中，隱藏了她經過千錘百鍊的細節處理，也因此在家庭料理中傳達了更勝任何高檔料理的新鮮感，令人為之驚艷。

日本的壽司店「數寄屋橋次郎」也是。乍看普通的壽司背後，其實下足了龐大的準備功夫。在細微處也毫不馬虎，而且持續提升品質，到達了前人未曾抵達的領域。

最了解箇中困難的，想必還有「數寄屋橋次郎」的店主小野二郎與其子禎一先生。他們日復一日堅守乏味而費力的烹調流程，默默耕耘好幾個年頭，如今數寄屋橋次郎的壽司，讓「天才」費蘭．阿德里亞（Ferran Adrià）也感動到直不起腰。

我認為不論是釀造葡萄酒或是料理，都應該停止追求譁眾取寵的事物，能將理所當

然的事情做到臻於完美，才是真正的偉大。

位於義大利維洛納的二星餐廳主廚吉安卡羅．佩博里尼（Giancarlo Perbellini）說：「我不是主廚，只是一名廚師。」巴羅洛傳說中的釀酒師瑪利亞．特蕾莎．馬沙雷洛（Maria Teresa Mascarello）也說：「我只是一名釀造葡萄酒的人而已，並非明星。」真正有本事的人，絕不會高估自己的斤兩。

註：費蘭．阿德里亞，一名西班牙廚師。曾任多次被評鑑為全球最佳、被公認世界最難預訂的餐廳「elBulli」的主廚。

釀造技術的進化

釀造技術在近五十年有了大幅進步，**由於釀造技術不成熟而出現的劣質葡萄酒幾乎消失無蹤**。不只如此，顧慮到永續性及自然環境平衡的生產者也增加了，高品質葡萄酒的生產者紛紛降低了除草劑或殺蟲劑的用量。拜此所賜，葡萄酒變得更乾淨，品種以及產地特徵也明確浮現出來。

過去的葡萄酒不是揮發酸含量太高，混著異臭，就是因為氧化或是還原（或者兩者皆有）作用而失衡，像我這樣經歷過舊時代葡萄酒的人，一定能確實感受到，現在真的是相當好的時代啊。大部分的葡萄酒都能夠安心飲用。

新葡萄酒的出現

在盛行用經驗、熟練度、直覺來釀造葡萄酒的時代，只有一部分擁有優秀資質的釀造者能夠釀出偉大的葡萄酒，但是那技巧並沒有普及化，也不會對大眾公開分享，而是限定家族成員繼承的獨門秘方。

然而現在不同了，由於近代的釀造技術逐漸普及，學校也開設了專門課程，因此任何人都能嘗試釀酒。即使沒有優秀的經驗或才能，也能釀造出具有相當水準的葡萄酒。當然，要釀造出卓越的葡萄酒，在技術之外，還需要優秀的感受性和熟練度。

雖然在釀酒這門學問中，葡萄酒屬於比較單純的技術，基本上就是將葡萄壓碎之後放置，自然就會開始發酵，製造出葡萄酒。但也因為如此單純，所以，果實的品質比什麼都重要，會直接反映出其擁有的香氣和味道。

甚至有人說「葡萄酒誕生自葡萄園的土地」。當然，對啤酒來說麥芽、對日本酒來說酒米的品質也很重要，但**葡萄酒幾乎可以說是由葡萄的品質決定了一切**。

釀造葡萄酒最困難的，是如何避免葡萄所擁有的優秀素質在釀酒過程中流失。一百分的葡萄收成之後，必須以一百分的狀態轉變為酒。

如果釀造技術不夠成熟，就會喪失許多良好的元素，從一百分的葡萄成為五十分的葡萄酒。例如氧化失去香氣，或者出現不好的氣味。

五十分的葡萄酒釀得再完美，也頂多是五十分的葡萄酒；一百分的葡萄能夠釀出一百分的葡萄酒，但不可能釀出一百二十分的葡萄酒。在葡萄酒釀造上，避免扣分是最重要的課題，因為無法加分，只能費盡心思讓分數不在過程中流失。

然而，技術是一把雙面刃，釀造技術原本應該用於保留葡萄園的優秀素質，但卻出現了想要仰賴技術，將五十分葡萄酒偽裝成八十分的釀造者。

根本原因在於，葡萄的栽培與管理成本很高。

能不能栽種出優秀的葡萄，取決於天候狀況；一旦遭受病蟲害侵襲，品質就會下降。想要採收高品質的葡萄，必須經常整理葡萄園，這也非常耗費成本。但如果節省掉這些勞力及時間，葡萄的品質就會變差。因此，只能透過釀造技術來補強。

有些葡萄品質較差的釀造者，會透過逆滲透將味道很淡的葡萄汁濃縮，將軟木塞片熏上酒桶香氣增添高級感，或是人工加入單寧至葡萄酒中。當然，這些干涉的行為有可能破壞葡萄酒的平衡，但事實上，也有許多專家試飲之後「沒有發現」。

比起在栽培上付出大量勞力與時間，透過釀造技術改良更符合經濟效益，還能降低酒的價格，增加市場競爭力。像這樣透過技術進行的干涉行為，並不會對人體造成不良影響，因此也有消費者樂於買單。

對於希望以實惠的價格買到一定程度美味葡萄酒的消費者來說，這也是一種選擇。如果喝過之後發現味道不太平衡，再多花點錢，選擇其他的葡萄酒即可。

「古法釀造」值得憧憬嗎？

隨著釀造技術的進步，有缺點的葡萄酒逐漸消失，均一化卻是現在進行式。一般來說，品種及產地不同的葡萄酒，仔細試飲之後就能明白不同之處，但現在，幾乎如出一轍的葡萄酒逐漸充斥在市面上。

葡萄酒界對於這樣的均一化，以及過度仰仗技術的行為出現了反抗的聲浪。反對「技術性葡萄酒」，希望回歸「樸實葡萄酒」的釀造者與支持他們的消費者越來越多。這群人認為與其喝「品質一致但無趣」的酒，不如喝「不穩定但有個性」的酒。

因此現在，**有缺點的葡萄酒反而更受歡迎**。揮發酸也好，氧化、還原也好，異臭也好，都是「自然釀造葡萄酒」的產物。有如與現代化技術、科學主義相抗衡的浪漫主義，像過去那樣單純樸實的釀酒方式成為這些人的憧憬，他們相信導入近代釀造技術之前，是有如烏托邦般的存在，當時的葡萄酒「既純粹又沒有被汙染」。

在前面也提過，造技術普及以前，也有能夠釀造出乾淨又偉大葡萄酒的釀酒師。只是在技術提升後，即使不是名家，也能夠釀造出品質安定又乾淨的葡萄酒。

這與憧憬「手作料理」是一樣的。當我們對連鎖餐廳千篇一律的口感、氣味厭煩時，就會開始渴望親手製作、獨一無二的料理。不過，手法純熟的職人能夠做出相當美味的漢堡肉，經驗值不足的人做的漢堡肉就不一定好吃了。與其吃難吃的東西，不如直接買連鎖餐廳的食物吧，不僅保有一定的水準，也比手作來得更衛生。

透過技術完美釀造的葡萄酒少了人味，於是懷念起能感受到粗糙手感的葡萄酒。或許這就是人性。只是，若真的是粗糙又有臭味的葡萄酒，還是饒了我吧。**雖然保有一點天真浪漫也很好，但是我還是想喝乾淨的葡萄酒。**

亨利．賈耶（Henri Jayer）雖然是一位雙手粗糙的農夫，但是他的葡萄酒完全感受不到土味，非常高雅優美。

無論哪種釀法，先達到基本水準再說

憧憬著「既純粹又沒有被汙染的葡萄酒」的人們，紛紛主張「比起靠技術生產、失去個性的葡萄酒，有缺點但是使用自然釀造法的葡萄酒更好」。

這個比較方式並不成立。因為，即使使用釀造技術，也有明確顯現出品種與風土特徵的葡萄酒；即使使用原始的釀造方法，也有很多乾淨又沒有缺點的葡萄酒。

因此，擅長釀造技術的人，應該要留心不要失去葡萄酒的個性；使用自然釀酒方式的人，則要致力於釀出沒有缺點又乾淨的酒。

無論是近代的釀造技術，還是傳統的自然釀造工法，都不應該以狹隘的眼光過度理想化。而是活用各自的優勢，以釀出沒有缺點又帶有個性的葡萄酒為基本標準。

頂級葡萄酒都落到了誰的手上？

以中國為首，葡萄酒新興消費國的購買力日趨強大，知名葡萄酒的價格水漲船高。以波爾多的五大莊園為例，一九八九及一九九〇這兩個偉大年份的葡萄酒，當初公開販售的價格為一支一萬五千日圓，很容易買得到。然而，現在已經漲到超過十萬日圓。也就是說，約二十五年間，價格暴漲了將近十倍。知名香檳的價格也是相同情況。**這些葡萄酒已經超越酒精飲料的領域，成為奢侈品般的存在。**就連對葡萄酒完全沒興趣的人，也像是買LV般趨之若鶩。

當然，對釀酒廠來說無疑是件好事，能以鉅額利潤再去投資釀造設備，進一步提升葡萄酒的品質，成為了一個循環。

然而，就算價格漲了十倍，美味程度也不可能提升十倍。

而且，新加入的消費者，雖然購買能力和意願都很高，但是往往缺乏對於葡萄酒的知識，因此只專攻知名品牌的葡萄酒，光波爾多就有十間左右的酒莊因此人氣爆棚。

只是，高漲到這樣的價格之後，真正的葡萄酒愛好者反而變得興致缺缺。因為仍有價格沒有攀升也同樣美味的葡萄酒，買那樣的葡萄酒就足夠了。

結果，最美味的五大莊園葡萄酒和優質香檳，幾乎都淪落到被不講究葡萄酒味道的人喝下的命運，被「想喝葡萄酒名氣」的消費者給壟斷。

據說在中國，五大莊園葡萄酒的空瓶，也能夠以接近一萬日圓的價格賣出。內容物是什麼並不重要，酒標才是價值所在。

這本來就是資本主義之下的正常經濟活動，我對於這樣的現象沒有意見。只是想到付出莫大投資與努力提升葡萄酒品質後的結果，卻是被不在乎葡萄酒品質的人喝掉，我無法不感到空虛。

無法輕易跨足的葡萄酒製造業

釀造葡萄酒需要花很多錢。管理葡萄園也需要不少人手。想要製作出高品質的葡萄酒，沒有辦法僅靠機械化運作，但同時，釀造設備還是需要不斷更新、發展，為了要提高品質，也必須將錢挹注在購買設備上。

因此，不論這家釀酒廠釀造出再怎麼好的葡萄酒，若售出的利潤不夠，幾年之內就會倒閉。我看過許多其他業界的成功人士興致勃勃進入葡萄酒產業，結果經營不善，幾年內就紛紛撤退。

釀造葡萄酒跟拍攝電影有點類似。拍攝電影也需要龐大的人力與資金，若是沒有利潤，就無法製作下一個作品。

但是，這跟撰寫小說、繪畫有著極大的不同，小說一個人就能寫，畫作也是一個人就能完成。雖然需要最低限度的墨水、紙與繪畫材料，但只要有能夠讓自己生活下去的收入，即使不熱賣，也還是能持續進行。也有像是梵谷這樣，在世時作品不被看好，在貧困又默默無名的狀態下去世，死後卻名聲大噪的例子。

不過，終究沒有見過哪部電影的票房慘澹，卻還是能繼續製作新片。

人們往往會以浪漫的眼光看待釀造葡萄酒這件事，但是，比起浪漫，能夠實際持續運作來得更重要。

各國偏好的葡萄酒類型

我在前文提過，品味葡萄酒，最看重的是個人喜好。葡萄酒有各式各樣的風格，每一種都有各自的擁護者。

例如在葡萄酒文化已扎根於日常的歐洲，因為葡萄酒是每日餐桌上的固定角色，多半偏好低調、適合搭配料理，彷彿在耳邊喃喃細語般的酒款。以明星來比喻的話，就是纖細而優雅的奧黛麗赫本。

而美國的葡萄酒，在用餐時間以外也很常登場，因此更喜歡有明確存在感，自我主張強的酒。聲音宏亮、令人精神為之一振，瑪麗蓮・夢露般豐盈飽滿又濃麗的葡萄酒。

歐洲酒評家與美國酒評家的喜好壁壘分明，也時常引發爭論。

雖然歐洲的傳統主義者對於在美國獲得高評價的波爾多葡萄酒，提出了「像這樣又濃厚、酒精度數又高的葡萄酒才不是波爾多！」的激烈見解，但是想釀造出什麼風格的葡萄酒是釀造者的自由。將個人喜好強加於葡萄酒之上，可說是強詞奪理。

至於英國人，則更喜歡熟成的葡萄酒。比起能夠感受到年輕豐潤果實香氣的紅葡萄酒，他們更偏愛表現出雪茄盒、菸草、甘草、辛香料、皮革等成熟香氣的紅葡萄酒。也有釀造者會專門針對英國市場釀造稍微帶有熟成香氣的葡萄酒。以氣泡酒來說，他們喜歡酒氣凜冽、堅硬嚴肅口感的風格，以前還會推出Reserve for Great Britain或是For England這樣符合英國人喜好的特別版。

法國人非常重視「souplesse」，意指滑順、柔軟、圓潤與優雅。質地滑溜、像是被溫柔包覆起來般，擁有絲綢口感的葡萄酒往往能夠獲得相當高的評價。

義大利人喜歡抑揚頓挫明顯的葡萄酒。在義大利北部（特別是皮埃蒙特）受到青睞的是酸味強的葡萄酒，義大利南部則偏愛無拘無束（說難聽一點就是稍微有點馬虎）的葡萄酒。

雖然有點偏題，不過**人們對於食材的喜好也是大不相同**。

儘管日式料理風潮已經席捲全世界，生魚片隨處可見，但是直到前陣子，歐洲都還沒有生食魚肉的習慣。

少數的例外是在南義大利，自古以來就有生食沙丁魚、海膽以及蝦子的飲食文化。海味濃郁的海膽以及蝦子，特別是又小又紅的海膽，吃起來彷彿在喝海水一般帶有濃烈的海潮氣味，特別受南義大利人喜愛。他們會擠上檸檬，用小湯匙一勺一勺舀來吃，或是拌入義大利麵中。

但在日本的話，會覺得海潮味強烈的海膽是粗俗之物，相較之下，奶油般柔軟、香氣隱約的海膽更受好評。

除此之外，義大利較受歡迎的是短義大利麵，但日本人多半喜歡稱為spaghetti的長義大利直麵。很多日本人到義大利當地餐廳用餐時，也會請店家換成長義大利直麵。還好義大利的民情包容度高，並不會有人說：「這個醬料跟長麵不合，我們只能點短麵。」大部分都會通融。

如此一來，來自其他國家的客人也能盡情享受美味的當地料理。果然最重要的還是吃自己喜歡的東西。

環境也很重要。

在義大利或法國買了一款在當地喝覺得非常美味的葡萄酒回國，喝了之後卻大失失望，這尤其容易發生在低價位的日常葡萄酒上。大概就像出國旅遊時買了色彩鮮豔的當地服飾，回國後才驚覺完全不適合自己。**適合的事物，會隨著所處的環境而改變。**

在我開始喝葡萄酒的一九八〇年代左右，日本的波爾多葡萄酒人氣很高，但感覺近年勃艮第的支持者也增加了不少。

雖然超濃厚的加州葡萄酒也曾經一度成為熱潮，但現在似乎平息下來了。不僅個人，國家整體性的愛好也會變動，但是無論是否受青睞，這些葡萄酒並無優劣之分。

在中國，濃厚且強而有力的紅葡萄酒才是首選，而且酒桶香氣越強越受青睞。雖然也有人認為這是味覺不成熟的「假行家」現象，但我反而有點羨慕。因為隨著年紀增長，人在變得沉穩的同時也會失去活力。對於喜愛濃厚葡萄酒的中國市場，那股氣勢以及莽撞，令我不由得感到欣羨。就像看到大口大口吃著燒肉的年輕人時，不自覺緬懷起青春一般。

中國是充滿耀眼活力的國家，與濃厚的葡萄酒十分相配。我覺得不論是喜愛熟成葡萄酒的英國，還是勃艮第支持者持續增加的日本，都像是整個國家的成熟與衰退同時進行著，「已經不年輕了」的表現。

一九八〇年代的我也非常喜愛氣勢奔放的葡萄酒，現在則喜歡沉著冷靜的口感，不過我並不覺得自己有多沉穩，單純只是喜好改變了而已。

第5章

為了享受葡萄酒需要先知道的事

最具代表性9大葡萄品種

如果對於探究葡萄酒背後風景這樣的「詩意」沒有興趣，只想追求能為日常生活增添色彩的美味酒精飲料，那麼從「品種」開始瞭解葡萄酒，是最安全的方式。

只要找到與自己口味相合的品種，就能尋跡找到適合自己的葡萄酒。

想瞭解一支葡萄酒的品種，首先是看酒標。不過，由於傳統葡萄酒產區（歐洲地區）不會在酒標上記載品種名稱，因此，比較適合從葡萄酒的新興產區（又稱為新世界，例如加州、智利、南非等，品種名稱會記載在酒標上）入手。

前文曾經提過，對歐洲的釀造者來說，當地的風土條件遠比葡萄品種重要，因此他們普遍不認同品種特徵明顯的葡萄酒。

相對的，新世界的釀造者喜歡品種特徵明確的葡萄酒，同時也將追求品種特色的消費者當作目標顧客（特別是低價格帶的葡萄酒，多半有這樣的傾向）。

因此，如果想要品味夏多內的味道，那麼比起法國勃艮第，產自新世界的夏多內白酒會更好。當然，勃艮第的白葡萄酒也很棒，但與其說是夏多內的口感，不如說是默爾索（Meursault）或是普里尼．蒙哈榭（Puligny-Montrachet）等當地的風土氣味。

1 夏多內Chardonnay（白酒）

夏多內是在世界各地都有栽培的品種，葡萄酒的種類也很多，可以輕易在超市等地購得。像是智利等產區的價格十分好入手。**夏多內的魅力在於甜潤飽滿感。特別是在新世界炎熱地區生長的葡萄，會帶有像是鳳梨般的熱帶果實香氣，深受喜歡豐郁、紮實白葡萄酒的人喜愛。**放到酒桶中熟成之後更有份量感。

由於沒有特殊強烈風味，會隨著產地不同而表現各式各樣的面貌。產自勃艮第的白葡萄酒，幾乎都會使用單一的夏多內葡萄來釀造，因為在像勃艮第這樣偏涼爽的產地，就會產出帶有爽口的酸味、礦物味等明確風土特徵，而非品種特徵的葡萄酒。

夏布利白酒（Chablis）就是一個很好的例子，跟新世界葡萄酒比起來，纖細精緻的口感明確表現出葡萄園的特徵，是十分高尚的白葡萄酒酒，價格相對昂貴。

如果想以實惠價格買到香氣飽滿的白葡萄酒，我非常推薦新世界的入門款夏多內。冰鎮飲用也很暢快。

2 白蘇維濃Sauvignon Blanc（白酒）

相較於夏多內這樣偏中性的品種，**白蘇維濃的香氣強勁到會從葡萄酒杯溢出**，因此被分類在「芳香型白葡萄」。

白蘇維濃典型的香氣帶著一股青草氣味，類似「夏天除草時的氣味」。若使用成熟之後的葡萄，則會接近鳳梨或芒果等熱帶水果的香氣。除此之外還包含麝香，不禁令人聯想到古龍水，當然也會有人用「貓尿」來形容它的味道，某方面來說也的確是。

只要選購酒標上明確記載「白蘇維濃」的葡萄酒，都會擁有一聞就知道是白蘇維濃的香氣，即使盲飲也是非常好猜的一款酒。

白蘇維濃的口感暢快清爽，非常舒服。如果喜歡爽口、香氣濃郁的白葡萄酒，我十分推薦白蘇維濃。

此外，波爾多的白葡萄酒（與紅葡萄酒相比產量較少）雖然也使用了白蘇維濃，但基本上已經喝不出白蘇維濃的感覺（其中也有很多是與榭密雍葡萄混釀而成的白酒）。

雖然波爾多白酒是一瓶可能要價超過二十萬日圓的頂級酒，但是越貴，品種特徵越不會表現出來。因為在歐洲的價值觀中，品種特徵明確的葡萄酒是「庸俗」的產品。

3 麗絲玲Riesling（白酒）

如果你偏好的不是具有濃厚口感的葡萄酒，而是**追求纖細度與輕盈感，麗絲玲（Riesling）是個不錯的選擇**。麗絲玲喜歡生長在氣候涼爽的區域，德國的摩澤爾（Mosel）、萊茵高（Rheingau）、法國的阿爾薩斯（Alsace）均為知名產地。奧地利、北義大利、澳洲也都有產出不錯的酒款。

麗絲玲從無甜味到甜度明顯的酒款都有，特徵是有如白色花朵般楚楚動人又細膩雅緻的香氣，並帶著清冽的酸味、乾淨俐落的口感。頂級的酒款中則有著讓人繃緊神經般鋒利的酸味。

由於酸味較強，即使製成偏甜的酒款，也完全不會膩口，反而能引出馥郁的香氣。因此，**也推薦給喜歡稍微帶有甜度葡萄酒的人**。

雖然麗絲玲是在世界中獲得高評價的品種，但是無甜味葡萄酒款卻意外便宜。我在法蘭克福機場的免稅店經常購買，即使是知名釀造者的酒款，大約十歐元左右就能買到基本款，當然非常美味。跟勃艮第等地生產的比起來，非常划算。

在溫度與濕度都很高的夏天夜晚，飲用一杯冰鎮過後的麗絲玲，就像是在登山之後飲用山泉水一般，瞬間被清涼感療癒。是一種散發出「北國」氛圍的品種。

4 黑皮諾Pinot Noir（紅酒）

「世界上最高貴的葡萄品種是什麼？」很多人會回答：「黑皮諾。」

勃艮第大部分的紅葡萄酒，都是由黑皮諾釀造而成。勃艮第紅葡萄酒沉穩又高貴的香氣與風味，只有在黑皮諾與勃艮第的風土條件組合之下才能誕生出來。

來自其他產地的黑皮諾，絕對不會有勃艮第紅葡萄酒的風味。例如紐西蘭或美國奧勒岡州出產的黑皮諾，帶有覆盆子的香氣也十分有魅力，但是與勃艮第產的完全不同。

黑皮諾會如實反映出種植地區的風土條件，因此若是喜歡勃艮第紅葡萄酒的人，就無法以其他產區的黑皮諾替代。

這也是勃艮第葡萄酒在市場上保有壓倒性優勢的原因。如果不小心喜歡上了勃艮第紅酒，那麼不論多貴都還是只能去買勃艮第。也因此，很遺憾的，勃艮第幾乎沒有平價的葡萄酒。

除此之外，黑皮諾對病蟲害較無抵抗力，在栽培上的難度較高，因為產量不穩定，連帶價格也較高。即使如此，世界各地的釀造者仍前仆後繼地挑戰種植黑皮諾。黑皮諾可以說是同時虜獲飲用者及釀造者的品種。

黑皮諾釀造出的葡萄酒，帶有是櫻桃、草莓、蔓越莓等紅色莓果香氣，以及花香、

辛香料等香味，既纖細又高貴，風味細膩，並有著絲絹般的口感。給人輕盈、舒服的感覺，不會出現厚重刺激的口感，因此不推薦給追求「暢快感」的人嘗試。

經常聽聞有中年大叔裝闊，以羅曼尼康帝（Romanée-Conti）酒莊的葡萄酒來搭訕年輕女子，女孩們卻不賞光的情況。其實這是理所當然的，因為羅曼尼康帝雖然是完美調和的偉大葡萄酒，但是顏色不飽滿，酒體不厚重，口味也不濃厚。以精緻度與獨特個性為優點的葡萄酒，無法觸動追求「爽快口感」的人。

我也不會想要在吃燒肉時搭配勃艮第紅酒。要搭配燒肉的話，稍微粗糙且濃厚的葡萄酒會更好。但如果**是像法國布雷斯雞（Poulet de Bresse）[1]這樣擁有細膩口感的頂尖食材，搭配黑皮諾就是最佳組合了**。

產自新世界奧勒岡州、加州、紐西蘭等地的黑皮諾，果實香氣更為突出，擁有令人舒適愉快的風格，契合的料理也更多一些。

身份高貴、不易栽種的黑皮諾，是對釀造者而言難以取悅的品種；對消費者而言，要找到高性價比的酒也是件難事。

1 註：布雷斯雞有法國「國雞」之稱，是全法唯一獲得原產地名稱保護標識的禽類產品。

5 卡本內・蘇維濃Cabernet Sauvignon（紅酒）

與黑皮諾完全相反的品種則是卡本內・蘇維濃，**其特徵為具有濃縮的黑色果實香氣與帶有澀味的豐厚單寧**。

當然，香氣與風味會隨著產地而異，但是卡本內・蘇維濃與黑皮諾不同，是一個自我主張強烈的品種，**不論種植在哪裡，還是會讓你一喝就感到到它的存在**。

卡本內・蘇維濃是波爾多（特別是左岸）的主要品種，但基本上都會與卡本內弗朗或是梅洛混釀，純卡本內・蘇維濃的酒很少見。

以卡本內・蘇維濃為主體的波爾多，最大的魅力是帶有微微生青感的單寧，但是這個生青感也是單寧還沒有完全成熟的證明，因此也很多人不喜歡。

我個人認為「生青感」是波爾多紅葡萄酒的精髓。托了這個單寧的福，波爾多的紅葡萄酒才得以獲得突破常規的長期熟成能力。反過來說，它是不熟成三十年就無法發揮真正價值的葡萄酒。

現今，由於氣候暖化的影響，加上釀造技術的進化，波爾多紅酒即使在年輕階段也非常美味。不過，年輕的酒單純只是「美味的葡萄酒」，如果讓它沉睡個三十年，就會化為「偉大的葡萄酒」。因此，既然已經付出昂貴的價格，若不確實熟成就太可惜了。

但如果不介意這一點，在年輕階段就飲用也沒問題。

即使同樣是卡本內．蘇維濃，在加州、澳洲等炎熱產地的酒款，由於單寧已經完全成熟，不會有那股生青感。雖然帶有甘甜單寧的卡本內．蘇維濃也很美味，但是與波爾多相比，稍微缺乏了一點獨特性。智利及南非的卡本內．蘇維濃也是如此。

卡本內．蘇維濃是酒體飽滿的頂級酒款，即使所費不貲，也絕對不會讓人失望。

6 梅洛Merlot（紅酒）

若最高貴的品種是黑皮諾，那**最能刺激感官的品種就非梅洛莫屬了**。

梅洛不會像黑皮諾或是內比歐露般故弄玄虛，而是立刻就展示出魅力所在。**李子、藍莓般豐富的果實香氣，無論誰都會愛上它。不僅單寧柔軟溫順，風味豐腴飽滿，酸度也比較低，不習慣喝葡萄酒的人也能欣然享受。**

不過，梅洛的「簡單易懂」也是雙面刃。與產自波爾多左岸、大器晚成的葡萄酒完全相反，梅洛是在年輕階段就魅力全開的品種，雖然成功征服了一般大眾，但卻是行家們眼中庸俗、初學者才喝的乏味品種。

但這完全不合常理。**外顯的魅力不代表普通、俗氣，**難道演藝圈中的美人都是花瓶嗎？並非如此。在波爾多右岸的波美侯（Pomerol）等產地，也會釀造出兼具深度的葡萄酒。刺激感官的果實香氣絲毫不庸俗，仍然維持良好的品味，越發魅力無窮。

而加州、智利等炎熱產地的梅洛，果實香氣更加富郁，簡直就像是濃縮果汁般，讓喜愛濃厚葡萄酒的人無法自拔。

雖然某種意義上來說，它與勃艮第紅葡萄酒處在對立的位置。但美國的新聞工作者中，許多人都給予梅洛極高的評價。

如果你喜歡喝起來有「暢快感」的濃厚葡萄酒，但是又對卡本內・蘇維濃的澀味感到困擾，請務必試試看梅洛。那柔軟豐厚的口感，一定能滿足你的味蕾。

7 希哈Syrah／Shiraz（紅酒）

希哈是法國隆河谷地的原產品種，**擁有紅色莓果、黑胡椒等辛香料般的香氣，野性風味是其魅力所在。**

希哈過去常被用來補強其他葡萄品種，但現今其獨特性已經充分受到肯定。出產於澳洲或加州等炎熱地區的希哈，酒精濃度很高，能品味到可可亞或是尤加利等香氣，屬於風格堅實有力的葡萄酒。

若說勃艮第的黑皮諾有著令人著迷的沉穩，產自隆河谷地的希哈就像是拿著果實猛砸般粗野不羈，是一款令人感受到「南方氣息」的法國葡萄酒。

新世界的希哈雖然濃厚，同時也帶有軟嫩多汁的風味，與辣味肉料理堪稱絕配。

8 內比歐露Nebbiolo（紅酒）

內比歐露是義大利最頂尖的紅葡萄品種，代表性產區是巴羅洛（Barolo）與巴巴萊斯科（Barbaresco）。

它高貴的香氣令人想起黑皮諾，在乾燥玫瑰的花香當中，又混著覆盆子、櫻桃與辛香料的香氣，相當複雜而多層次。

但入口之後就會發現它與黑皮諾完全不同，單寧與酸度非常頑強，澀感強勁又帶有酸味，喝不習慣的人可能會敬而遠之。

整瓶熟成十年左右，單寧就會降低，口感變得像天鵝絨般柔順，但是現今大概少有人能耐心等待需熟成十年的葡萄酒。

若要在年輕階段飲用，建議搭配油脂豐富的燉肉料理，調合強烈的單寧味。

在栽種上，內比歐露非常難伺候，只有在義大利西北部的皮埃蒙特大區（與倫巴底的一部分）才有不錯的成果。雖然其他產地也有其蹤影，但風味相較之下較為平淡，無法發揮出皮埃蒙特產的內比歐露般高級的貴族感。

內比歐露以單一品種釀造時，能夠鮮明反映出該葡萄園的風土特徵，其高貴感與難以取悅的絕妙組合，深受葡萄酒行家喜愛。

因為高貴的風味與勃艮第相似，也是全世界勃艮第愛好者熱切關注的酒款。

9 桑嬌維賽 Sangiovese（紅酒）

如果內比歐露是知名釀酒區皮埃蒙特的代表品種，那麼桑嬌維賽就是其勁敵托斯卡尼產區的代表品種。

桑嬌維賽的香氣彷彿聚焦了多種花香，以及櫻桃等紅色莓果與少許辛香料。喝入口中後，雖然酸度與單寧很堅實，但不會像內比歐露那麼強烈，非常優雅。

桑嬌維賽也會隨著種植土地不同，而有豐富多變的表情，在接近內部山區的經典奇揚第產區釀出的是清新優美的葡萄酒，而在偏向南方靠海的蒙達奇諾（Montalcino）釀的酒則帶有酒漬櫻桃或地中海香草香氣，十分雄偉。

相較於高貴的內比歐露，**桑嬌維賽是帶給人輕盈、華美印象的品種，與炭火燒烤料**

理，例如烤雞肉串或烤豬肉串是最佳組合。

此外，也有價格比較便宜的桑嬌維賽，相當值得一試。

寫給初次挑選葡萄酒的你

對於葡萄酒還不熟悉的人，也許會感到很迷惘，到底該如何選擇葡萄酒呢？別怕，**只要記住這一點，來自新世界**（例如美國、南美洲、澳洲和南非等，指相較於舊世界的歐陸地區，釀酒歷史較短的葡萄酒產區）**低價的品種葡萄酒，不論是哪個釀造者，差異都不會太大**。因為不需要表現出釀造者或產地的個性，而是傾注全力在忠實呈現品種特徵，因此相似度很高。

就像是各家連鎖店的牛丼都大同小異。如果向外國旅客介紹牛丼，不管是吉野家、松屋還是すき家（SUKIYA）都差不多，雖有微妙差異，味道大致相同。但如果是名店推出的「主廚特選高級松阪牛丼」，可能就差很多了。

對於想先大致掌握「牛丼是什麼食物」的人，推薦先去一般連鎖店試試看；對於初次嘗試喝葡萄酒的人，我也建議從新世界國家的低價葡萄酒入手，因為它們的任務是忠實呈現出多數人喜愛的葡萄酒，而非釀造擁有獨特個性的葡萄酒。

葡萄酒世界並非只有紅酒與白酒

世界上有各式各樣的葡萄酒，我將它們大致分為五類（還是有許多無法歸類）。例如在粉紅酒中，有非常接近紅酒的酒款；在紅酒中，也有顏色淡到接近粉紅酒的酒款；還有「似甜非甜」的葡萄酒（在阿爾薩斯跟德國有很多），在飯後喝時沒有甜度，但是搭配料理喝卻稍有甜味，非常微妙，這種酒尤其適合和鵝肝醬一起享用。還有，即使是白酒，也有風格強而有力，比起魚料理，反而更適合肉類的酒款。我對於葡萄酒的分類只是大致區別，希望大家別被知識框限，好好享受眼前那杯酒。

白葡萄酒與紅葡萄酒

白葡萄收成後立刻拿去壓榨，接著將果皮、果梗及籽取出，只發酵果汁的部分，就成為白葡萄酒。

採收下紅葡萄之後，只去除果梗，把果汁、果皮和籽一起發酵，就是紅葡萄酒。

粉紅酒則大致分成兩種釀造方式。一種是在壓榨葡萄果實時，得到少許從果皮滲出的色素、讓顏色變成粉紅色之後，以釀造白酒的方式，只進行果汁的發酵。另一種則是像釀造紅酒的發酵方式，但趁顏色還很淡的時候，先將果皮與籽取出。

白葡萄酒如果是在不鏽鋼桶中發酵，熟成之後，葡萄的香氣及風味就會直接表現出來，成為輕爽又有朝氣的葡萄酒。

另一方面，若使用橡木桶熟成，酒體會因此變得堅實，成為強而有力的白葡萄酒，不僅風味飽滿紮實，還帶有從橡木桶的香草及蜂蜜香氣，這對於喜愛濃厚白酒的人而言，可說是最高享受。

使用不鏽鋼桶釀造的白葡萄酒，最適合搭配義式薄片生魚料理（Carpaccio）、生魚片、魚貝類的義大利麵等；橡木桶熟成的白葡萄酒則與奶油燉雞（Fricassee）、濃郁的魚貝類料理更為契合。

以不鏽鋼桶釀造的紅葡萄酒，帶有新鮮的紅色莓果與櫻桃香氣，風味清新，而且多數酒款的單寧都不會太強。

另一方面，在橡木桶中熟成的紅葡萄酒較微濃厚，沉穩的風味與肉類料理是絕配。

在一餐中享受紅、白酒的方法

過去的歐洲是以紅葡萄酒為中心。波爾多、勃艮第、皮埃蒙特、托斯卡尼、里奧哈（Rioja）等著名產地中，除了勃艮第，壓倒性都是紅葡萄酒的產地。甚至在托斯卡尼和皮埃蒙特，有很多非紅酒不喝的消費者。

雖然近年來歐洲的料理逐漸變得清爽，與白酒更為相襯的料理增加了。但許多人仍然覺得只喝白酒完全沒有喝過酒的感覺。只有最後一杯也好，一定要喝到紅葡萄酒才行。一餐中沒有紅葡萄酒，就像沒有主菜的套餐一樣令人空虛。因此，**有很多人會在餐後一邊吃起司、一邊啜飲紅葡萄酒**。我也是如此，如果能在最後來杯紅酒，滿足感就會大幅提升。

在義大利托斯卡尼，有個名叫博格利（Bolgheri）的葡萄酒產區，不只釀造出優秀的波爾多混釀（Bordeaux Blend）紅葡萄酒，也是個魚料理非常美味的地方。關於用餐不離紅酒的習慣，在當地有家魚料理店的作法令我非常欣賞。

那就是，**從一開始就讓客人點選可以搭配魚料理的白葡萄酒，以及在料理之間享用的紅葡萄酒，並將兩個酒杯並排在餐桌上。當魚料理上桌時，就喝與之相襯的白酒，而在用餐期間聊天時就改喝紅酒**。如此一來，就不會造成沒有喝到紅酒的困擾了。

由於日本的餐桌上，會擺滿蔬菜、魚類、肉類等各式各樣的料理，因此有些店家將白酒與紅酒同時放在餐桌上，讓客人按照當下的心情選擇。我認為這是非常聰明的作法，我也立刻就學了起來。

粉紅酒

近年來人氣快速攀升的粉紅酒，在法國的消費量甚至已經超越白葡萄酒。**粉紅酒的魅力來自於平易近人。搭配什麼料理都很適合，而且清新又爽口。**近幾年因為氣候暖化，夏季越來越炎熱，這時相較於紅葡萄酒，**粉紅酒爽快的滋味更吸引人，**不僅能搭配魚類料理，與肉類料理也很合拍。

此外，在渴望放鬆身心的假期中，比起需要專注品飲的紅葡萄酒，許多人更偏好「不用動腦」就能享用的粉紅酒。

想像在室外陽傘下，有一支在冰塊中冰鎮透涼的粉紅酒，是不是馬上就會浮現出「我要去度假！我要度假！」的心情呢？非常不可思議啊。就像看見蚊香或是美麗的煙火般，粉紅酒是一種會立刻帶來夏季氛圍的葡萄酒。

橙酒

最近幾年同樣蔚為潮流的，還有橙酒（orange wine）。這是將白葡萄與果皮、籽一起發酵，以紅葡萄酒的釀造方式製成的葡萄酒。

即便發酵結束後，也持續讓果皮與葡萄酒接觸（Maceration，浸漬），由於白葡萄的果皮中含有酚類物質，轉移到葡萄酒中後，就會成為漂亮橙色的葡萄酒。

橙酒與紅酒一樣，最適合的飲用溫度為14～16℃。

橙酒是一款能讓人感受到類似日本酒「鮮味」的葡萄酒。最特別的是，在日式料理中和紅白酒都不搭的下酒菜（鹽辛[1]、醃海參內臟、鮒魚壽司等），卻能夠輕易與橙酒搭上線。

依照浸漬時間的長短（約三日～一年就會有極大變化），從接近白酒的色澤，到與其說是橙色，不如說是琥珀色的濃稠葡萄酒，範圍非常廣泛。尤其受到日本人的歡迎。

1 註：「鹽辛」是一種以海鮮的肉和其內臟醃漬而成的日本發酵食品，鹽度高能夠長期保存，多用來當成下酒菜、小菜或當調味料使用。

氣泡酒

全世界對氣泡酒的需求量，近年來大幅成長。健康飲食已成為全球趨勢，以前大家習慣吃重口味又油膩的料理，現在則更追求不會造成身體負擔的飲食，於是，比起適合搭配厚重紅葡萄酒的料理，與清爽氣泡酒更契合的料理增加了。

在一九八〇年代的波爾多，還會將甜度很高的貴腐甜酒索甸（Sauternes）當成餐前酒喝，搭配淋上果醬的煎鵝肝一起享用，是一種令人無法置信的重口味組合。但如今，一說到餐前酒，幾乎就是香檳的天下。

傳統釀造氣泡酒的方式，是先將葡萄酒釀造完成後，在裡面加入糖分與酵母密封，讓葡萄酒進行二次發酵。

隨著酒精發酵，糖分被分解，形成酒精與二氧化碳氣體。由於一切都是在密閉的空間中進行，二氧化碳氣體無處可逃，就會溶入葡萄酒中，形成氣泡酒。

這個過程如果是在酒瓶中進行，就是屬於瓶內二次發酵氣泡酒，過去稱為「香檳製法」，現在則稱為「傳統製法」。

用這種方式的話，酒精發酵只需兩週～一個月就結束，但是，會將它與在二次發酵階段產生的酵母殘渣一起在酒瓶內熟成兩年～十年左右。

當酵母殘渣中的氨基酸等成分轉移至葡萄酒中，會讓葡萄酒的香氣變得更有層次，增添有如烤杏仁堅果香、酵母香、剛出爐的法國麵包香等香氣。

瓶內二次發酵氣泡酒，無論是風味還是酒體都很堅實，也有持續性，與味道濃烈的料理很相配。

只是，要釀造瓶內二次發酵氣泡酒需花費大量勞力、時間與成本。因此為了更迅速省事就出現了另一種釀造方法，那就是「大槽法（Charmat Method）」。

這是在巨大的密閉式酒缸中進行瓶內二次發酵的方式，二次發酵結束之後與酵母殘渣接觸的期間（Sur Lie酒渣陳釀法）較短，大約三～六個月。

由於來自酵母殘渣的香氣較少，因此較能表現出葡萄本來具有的香氣，大槽法特別適合香氣富有魅力的品種，最具代表性的就是薄賽珂（Prosecco），非常受歡迎，目前年產量達到六億瓶之多。

不同於傳統釀造法，大槽法釀造出的氣泡酒口感清新、爽口，很適合作為餐前酒，搭配餐點享用也很不錯。

不過，還有第三種釀造法，那就是近年來受到注目，在義大利名為「古傳法

（Ancestrale）」的氣泡酒釀造法。

古傳法在釀造出瓶內二次發酵葡萄酒之後，不經過除渣過程，而是直接以濁酒販賣。和傳統製法不同，古傳法不需要長期熟成，而是在收穫隔年的春天就發售。

雖然酵母殘渣中蘊藏美味的香氣，即使喝下去也不會影響口感，但是香檳等氣泡酒時常使用在正式的宴會或是浪漫晚餐場合，如果這時喝到濁酒，不免讓人「掃興」，因此一般會將酵母殘渣除渣（Degorgement）之後再販賣。

然而，古傳法則是請大家連同酵母殘渣一起享用，比起外表更重視內在。**用這種方式釀造出來的氣泡酒，在清新爽口中帶有鮮味，與餐點很搭。尤其推薦和生火腿、義大利香腸這類食物一起享用。**

古傳法氣泡酒的愛好者分成兩派，有各自的主張與愛好。

一派是不去動堆積在酒瓶底部的酵母殘渣，直接將氣泡酒注入酒杯中，只享受上面澄澈的酒液，屬於比較重視潔淨感的愛好者；另一派則主張酵母殘渣濃縮了美味精華，必須品嚐到這個部分才能體驗古傳法的精髓，因此他們會在開瓶之前先搖動酒瓶，讓沉澱在底部的酵母殘渣飄浮起來，完全變成濁酒的狀態再來享用。

甜葡萄酒

甜葡萄酒同樣擁有悠久的傳統。例如法國的索甸（Sauternes）、巴薩克（Barsac）等貴腐酒，德國的冰酒（Icewine）、果乾逐粒精選甜酒（Trockenbeerenauslese），義大利的聖酒（Vin Santo），西班牙的佩德羅・希梅內斯（Pedro Ximenez）等，都是知名的甜葡萄酒。

以前去高級餐廳時，餐後一定會來杯甜葡萄酒。如今因為受到時局變化所衝擊，甜葡萄酒的消費量正在急遽減少。

直到大約三十年前，在西班牙南部及義大利南部地區，幾乎都會花費三小時左右的時間慢條斯理吃午餐，接著午睡，午睡時間也很長，店家大概都到傍晚五點或六點才再度開始營業。

在這樣節奏緩慢的生活步調中，享受在餐後一邊飲用甜酒，一邊聊天的悠閒時光。

但是，自從一九九三年歐盟誕生，義大利及西班牙等國家的生活節奏也被要求配合歐洲整體的基準，步調一下子緊湊起來，可以開心享受甜酒的餘裕就消失了。

實際上，我也在試飲了甜葡萄酒之後，感動於這是一款多麼複雜又魅惑人心的葡萄酒，但是被問到在日常生活中有多少機會飲用時，卻發現幾乎沒什麼機會。看來甜葡萄酒恐怕有面臨瀕危絕跡的危機了。

該選擇軟木塞蓋還是螺旋瓶蓋？

傳統上，會將葡萄酒注入玻璃瓶中，並打入軟木塞。**不過，軟木塞有一定的比例（現今大約是一％左右，但在十年前我撰寫葡萄酒指南時則高達三％）會有污染的可能性，破壞葡萄酒的香氣與風味。**

我在前面也提過，在餐廳點了一款昂貴的葡萄酒時，有些侍酒師會先開瓶試喝，主要就是為了確認葡萄酒中是否有木塞味。

如果有木塞味，那就是瑕疵品，餐廳會為客人免費更換一瓶新的葡萄酒（為了以防萬一補充一句，如果試飲後發現跟自己期待的風味不一樣，是不能用這種理由要求免費更換葡萄酒的）。

如果是在餐廳遇到葡萄酒有木塞味，餐廳會讓客人替換，這點沒什麼問題，但如果是自己買的葡萄酒有木塞味，就會變得非常麻煩。

有些店家會願意幫客人更換有明確木塞味的酒，但通常必須要將出現木塞味的葡萄酒寄回店家。

如果是已經購入二十年的葡萄酒，當初的店家可能早已停業，而且願意幫客人更換的可能性也很低。除此之外，一般來說需要熟成二十年的葡萄酒，有很大機率是高級酒，如果被木塞味破壞，實在是非常心痛啊。

儀式感的誘惑

為了不要發生這樣的憾事，全世界都在摸索關於軟木塞的替代方案，例如塑膠製的合成軟木塞、玻璃栓、螺旋蓋等。

鋁製的螺旋蓋目前已經廣泛使用於紐西蘭、澳洲、德國、奧地利等國家，不僅沒有木塞味，氣密性也很高，可以維持新鮮的葡萄酒香氣。

雖然也有人指出，因為螺旋蓋會將酒和氧氣完全隔絕，使得酒中的含硫物質出現還原反應而產生臭味，不過這個問題只要在裝瓶時，保留部分氧氣在裡面就能解決。

至今因為木塞味吃過多次苦頭的我，完全支持使用螺旋蓋封裝葡萄酒。我有一位釀造葡萄酒的朋友，曾經將十五個收穫年份的同款葡萄酒，分別以軟木塞與螺旋蓋裝瓶，並讓我試飲，我的結論是，不論哪一個收穫年份，都是螺旋蓋的保存狀態較良好。

然而，螺旋蓋裝瓶的方式，遲遲無法在歐洲及日本普及。第一個理由是，印象不太好，給人一種廉價劣等酒的感覺。

畢竟，軟木塞開瓶是侍酒師的拿手好戲，那個儀式感與高級酒的印象緊密相連。**點了一瓶高級葡萄酒，侍酒師將酒瓶送至餐桌後，如果只是將螺旋蓋轉開，這個畫面完全失去了可看性**，有許多消費者是這麼想的。

雖然日本已經全部換成螺旋蓋，但是因應國外部分生產者的強烈要求，有些進口日本的葡萄酒仍然保留著軟木塞蓋。

要選擇氣氛呢？還是要選擇內容物？這的確是道難題。

只要有一個葡萄酒杯就夠了

有些人對葡萄酒杯有很多要求跟堅持，但其實完全不用理會這些。只要有一個**杯肚大的波爾多紅酒杯，就能應對所有葡萄酒和氣泡酒**。

雖然在品嚐熟成三十年的波爾多或高級勃艮第時，或許更適合用大容量的葡萄酒杯，但是使用中型尺寸的葡萄酒杯也不會不方便。

尺寸較大的葡萄酒杯能夠增加葡萄酒接觸空氣的面積，加快酒中的香氣綻放及醒酒的速度，但如果只是為了這個目的，多搖晃幾次酒杯也能達到相同的效果。

市面上有著各種美麗的葡萄酒杯，雖然精美的酒杯可以使餐桌增色，但是上等的玻璃杯非常薄透精緻，如果在喝醉時不小心弄碎就太讓人傷心了。

我經常使用的是十五年前參加試飲活動收到的中型尺寸波爾多杯，而且就放在廚房隨手可及的地方，尤其在沒有什麼餘裕時，我多半會使用這個酒杯。

這個酒杯應該不是用高級玻璃製成，稍微滑落也不會碎。陪伴我至今近十五年的時光，是非常符合我使用習慣的酒具。

就如同棒球棒、手套、高爾夫球桿、料理鍋等，都是符合自身使用習慣、用起來最順手最重要。不需要被其他眾說紛紜的意見所迷惑。

開瓶後的葡萄酒必須盡快喝完？

一般標準的葡萄酒瓶容量是750ml，因此時常有人問我：「沒喝完該怎麼辦？」。

葡萄酒即便開瓶之後，放個五天基本上沒有問題。

葡萄酒和空氣接觸，會因為氧化而緩慢、逐漸產生變化。雖然有些人會主張「酒質會劣化，還是早點喝完較好」，但這個說法其實有誤。酒質並非「劣化」，只是「變化」。對於這樣的「變化」，有些人視作「劣化」，但也有些人視為「提升」。

當然，終究還是以個人喜好為主。喜歡年輕葡萄酒的人，會比較喜歡開瓶當日的口感；相對的，喜歡陳年熟成葡萄酒的人，會覺得開瓶後放置兩天左右的口感更好。

將開瓶後的葡萄酒持續放置於酒瓶內，會促進葡萄酒熟成。

以我粗淺的了解，**如果以非常粗略的數字來說明，可以將開瓶後的葡萄酒放置一天的熟成速度，視為未開瓶時靜置一～二年的熟成速度**。

有些還不到飲用時機、太過年輕的葡萄酒，開瓶一週後反而變得更加美味。

開一瓶適合長期熟成的葡萄酒，每天飲用，就像是觀看葡萄酒熟成的縮時影片一般，某個程度上可以預測出那支葡萄酒在陳年十～二十年後的熟成狀態及方向。

一般消費者可能不太感興趣，不過，**在判別葡萄酒的潛能及真正的價值上，將葡萄酒開瓶後放置，並且每天試飲確認，這件事非常有意義**。

過去我在撰寫葡萄酒指南時，也會將試飲時比較中意的葡萄酒放置五天左右，每天確認口感的變化。

如同歐洲一流的足球俱樂部會經營足球學校，從中挖掘出有才能的孩子、進行菁英教育，藉此提升青少年隊的整體實力。如此長年費時觀察，正是為了判別選手是否具備值得培訓的潛能。

在觀測開瓶後的葡萄酒變化時，如果對於那款葡萄酒本身已有深刻的理解，會覺得非常有趣。不過，即使是對酒了解不深的一般消費者，單純享受葡萄酒每日的細微變化，也會是一個充滿樂趣的體驗。

沒喝完的葡萄酒保存方法

從疫情爆發以來，實際造訪外國酒莊的機會少了許多，大多改為線上舉辦的講座或是試飲活動。

我曾經一次收到二十～三十支、作為樣品的葡萄酒，並且一口氣試飲。當然，數量如此多的葡萄酒不可能每瓶都當下喝完，所以都會將瓶蓋或軟木塞封回去，三不五時想到再重新試喝。

較年輕的葡萄酒即使放了一個月仍處於非常美味的狀態，當然味道會與開瓶當天有所差異，但大多都會變得更迷人。所以其實並不需要擔心葡萄酒沒喝完的問題。

如果是不喜歡熟成葡萄酒口感的人，只需要在開瓶後，立刻將葡萄酒移至330ml或

500ml的寶特瓶內保存即可。酒瓶中預留此刻要喝的葡萄酒，其他保存於寶特瓶中，隔天或後天再喝。如果把葡萄酒裝得滿滿，因為寶特瓶內的酒跟空氣（氧氣）接觸面積很小，熟成（氧化）的速度非常緩慢，不會太快變質。

我曾經將移到寶特瓶的葡萄酒給忘了，時間長達一個月，等到忽然想起時，意外發現口感非常沉穩且美味。

有一位與我交情非常好的釀酒師，他會將自己釀造的最高級葡萄酒裝到容量六公升的大瓶子中，寄放在常去的餐廳裡，並在每次造訪時喝一點，有點類似將開封後的威士忌寄酒的狀況。

我跟那位釀酒師一同造訪餐廳時，一個月前寄放的葡萄酒雖然只剩下一半左右，但仍有著十分濃厚的果實香氣，有個令人印象非常深刻的獨特口感。

默片年代的代表性女明星莉蓮・吉許（Lillian Diana Gish），即使在超過九十歲的高齡，其鮮明活潑的演技仍然令人驚艷，和年輕時期惹人憐愛的印象不同、散發出成熟老練的魅力。**開瓶後的葡萄酒也是一樣，踏著較為快速的步伐，讓人能提早領略各階段獨有的魅力。**

容器會影響酒的美味度？

先談談容器的材質。

最常用於裝盛葡萄酒的容器是玻璃瓶。因為玻璃本身為惰性材質，不會讓葡萄酒產生變化，適合進行長期熟成。

近年來也有許多市售商品是將葡萄酒裝盛於寶特瓶或是紙盒等容器，只要能在短期內享用的話，應該也沒有太大的問題。

立體式箱中袋（Bag in Box）則是將真空袋襯於紙盒內部，注入葡萄酒到真空袋中的容器。由於真空的關係，葡萄酒減少的同時，真空袋也會跟著收縮，使空氣無法進入來避免氧化，可以長時間慢慢享用。很適合像在餐廳點杯裝葡萄酒般，習慣每天喝同款葡萄酒的人購買。

此外，偶爾也會看到罐裝販售的葡萄酒。過去以寶特瓶、紙盒、鋁罐等容器盛裝的葡萄酒，受到材質影響，多半會有些許特殊的味道，但現今隨著技術的日新月異，已經可以做到讓人難以分辨的程度。基本上，若不是需要長期熟成的葡萄酒，完全不必拘泥於使用的容器。

另外是關於容器的容量。

一般葡萄酒瓶的標準容量為750ml（標準瓶，Standard），市面上也會見到一半容量（半瓶，Half Bottle）或是兩倍容量的葡萄酒瓶（1.5L的馬格南瓶，Magnum）。此外，雖然數量較少，也有3L、6L這種大容量的瓶裝葡萄酒。

靜態酒（Still Wine，指排除了發酵二氧化碳後，包含紅、白、粉紅酒等的非氣泡葡萄酒）裝瓶後，如果是使用馬格南瓶熟成會耗費較長的時間；如果使用半瓶，熟成時間則較短。**喜歡先讓葡萄酒長期熟成後再享用的人，推薦馬格南瓶；若是想要早點享用，半瓶也是不錯的選擇。**

如果要進行超過十年的熟成，馬格南瓶將發揮出壓倒性的優勢。因此在熟成葡萄酒的愛好者中，也有許多人非馬格南瓶不買。

靜態酒不論半瓶或是馬格南瓶，都是同一款葡萄酒。但在瓶內進行二次發酵的氣泡酒，在性質上則跟葡萄酒有所不同。氣泡酒的第一次發酵雖和葡萄酒相同，但二次發酵是在瓶中發生，所以會因為瓶子導致發酵程度的差異。

視二次發酵時使用的容器，750ml的瓶子和1.5L的瓶子，發酵結果就會有極大的影響，導致葡萄酒的口感產生變化。

以我的個人經驗來說，最適合二次發酵的理想大小應該是馬格南瓶。馬格南瓶的氣泡酒在酒勁及口感的融合上，通常會優於標準瓶。做為基底的香檳也是，使用馬格南瓶更能夠展現驚艷的美味，所以才會有許多非馬格南瓶不喝的愛好者。

然而，最有趣的是，這並不代表瓶子越大越好，到了3L、6L等大容量，反而不見得有加分的作用。以氣泡酒而言，1.5L是最恰到好處的容量大小。

斟酒方式與口感的關連性

有關葡萄酒的斟酒方式，在日本的話，大多會非常小心地斟酒，也有將杯子傾斜、猶如從杯側流入的斟酒方式。

細心對待葡萄酒當然很好，不過在歐洲，即便是在一流餐廳，也有許多侍酒師以粗暴的方式斟年輕的葡萄酒，藉由一口氣接觸空氣來達到醒酒的目的。

我過去撰寫葡萄酒指南時，也曾經在試飲時用比較粗魯的方式斟酒，由於是要收錄到指南中的酒，若是稍微粗魯對待就失去整體平衡，便是不合格的酒。

酒瓶中的葡萄酒處於沉睡在還原作用的狀態。**仔細地斟酒，就像是有人用輕柔的聲**

音說著「差不多該起床了喔～」溫柔地喚醒你一般。

反之，如果粗暴地倒酒，就像是有人大力搖著你的肩膀喊著「給我起來！」。不論是哪種方式，能確實喚醒葡萄酒就可以了。

另外，也有像蒙普洽諾（Montepulciano）或塔那（Tannat）這類性情較古怪的品種，稍微粗暴對待反而能夠更快讓葡萄酒穩定下來、完成醒酒。

葡萄酒的顏色與味道

時常可以看到侍酒師在試喝葡萄酒時，將玻璃杯照射光線，並根據其色澤做分析。**或許有人曾經感到疑惑，色澤會影響葡萄酒的味道嗎？現今來說其實不然。**實際上，隨著釀酒技術的進步，葡萄酒幾乎不再需要外觀檢查。但在釀酒技術尚未成熟的時代，混濁或是完全沒有光澤的過度熟成葡萄酒非常多。

基本上，現在已經不存在那樣的葡萄酒，所以即使在葡萄酒評鑑中還是會進行外觀確認，但基本上只要不是太過特殊的狀況，大多都會給予外觀項目滿分。

值得一提的是，隨著葡萄品種不同，葡萄酒的顏色也會有所差異，**所以如果想要推測葡萄酒使用的葡萄品種，外觀是很重要的線索。**

比如說卡本內·蘇維翁的色澤比較濃，光線不易穿透；而黑皮諾則是較為明亮的色調，不易有濃重感。

在一九八〇、一九九〇年代時，曾經有著濃重色調才代表高級葡萄酒的謬論。不過到了現代，大家都已經理解，按照目前的葡萄酒生產品質，顏色濃淡與葡萄酒本身的味道並無關連。

橡木桶和不鏽鋼儲酒槽的差別

有些人對於釀造熟成葡萄酒時所使用的酒桶會有特定的堅持。例如這款葡萄酒是用法國阿列省（Allier）產的波爾多小橡木桶（barriques，225l）熟成兩年；或是同樣來自法國納韋爾（Nevers）產的500l橡木桶去做熟成等，總之會有許多自己的堅持。

使用橡木桶來釀造熟成葡萄酒的原因主要有兩個。**其中最重要的原因是為了讓葡萄**

酒接觸到微量的空氣。如果是使用不鏽鋼儲酒槽，由於酒在其中處於還原過程，基本上不會促進熟成。橡木酒桶（特別是小桶）能透過橡木讓微量的空氣進入，雖然速度較慢，但能夠確實讓葡萄酒熟成。

如果是風味非常閉塞的葡萄酒，則需要給予多一點氧氣，使味道變得較為柔和，如果是風味已經綻放的葡萄酒，則不需要過多氧氣。所以必須要考量這些要素後，再去決定使用何種橡木材、多大尺寸的橡木桶，以及需要熟成多長時間等。

使用大橡木桶時，因為空氣的供給量比小橡木桶少，葡萄酒會更緩慢地熟成。若是想讓葡萄酒在四到五年間熟成，大多會選擇大橡木桶，如果使用空氣較多的小橡木桶，在這四年的期間內，葡萄酒可能會過度氧化而走味。

另外一個目的，則是讓葡萄酒吸收橡木桶的香氣。

許多葡萄酒愛好者認為橡木帶有的香草及可可香氣，會讓葡萄酒變得複雜且更有魅力，也有人認為橡木桶香能帶來豪華高級的印象。相反地，也有反其道而行的葡萄酒愛好者，認為橡木桶的氣味會蓋過葡萄酒本身的香氣。

我個人雖然不是很喜歡橡木桶香氣太強烈的葡萄酒，但也沒有打算對其吹毛求疵。橡木桶香氣就像香水。若是參加華麗的派對，稍微多噴一些香水也無妨，但若是在日常生活中使用過於刺鼻的味道，就顯得不太恰當。

無論如何，橡木桶終究只是工具，根據使用方法可能會產生正面或負面的影響。在討論葡萄酒時，滔滔不絕發表有關橡木桶的知識，基本上就跟主廚狂熱地分享菜刀的高深學問是一樣的。

結語——能夠帶來幸福時光的，就是最棒的葡萄酒

在一九八〇年代，當時葡萄酒的價格便宜到令人難以置信。我則靠著熟識瑞士葡萄酒商的朋友，有幸品嚐那些名留青史的偉大葡萄酒。

像是白馬堡（Château Cheval Blanc）1947、木桐酒莊（Château mouton rothschild）1945、依更堡（Château d' Yquem）1921、羅曼尼・康帝（Romanée-Conti）1961、亨利・賈伊釀造的李奇堡（Richebourg）1978、以及彼得綠酒莊（Petrus）1961等，都是現今幾乎無法觸及的葡萄酒。這些葡萄酒讓我們得以窺見宏遠世界的一角，讓我們得以觀覽巔峰之景。

除此之外，也有產自義大利、能以親民價格隨時品嚐到的優秀葡萄酒，例如薩西凱亞（Sassicaia）1985、布魯諾・賈可薩（Bruno Giacosa）酒莊的巴巴萊斯科・聖斯特凡諾（Barbaresco Santo Stefano Riserva）1978等，那是個非常幸運的時代。

雖然對這些葡萄酒的香氣及口感記憶猶新，但是不可思議的，我卻不太記得是在哪裡品嚐。畢竟主角是葡萄酒，除此之外的記憶便拋之腦後了。

我也曾經飲用過許多無名葡萄酒，例如，在羅馬時常飲用的散裝白酒；因大雪而被

迫停留在尼斯時，下榻飯店附近海鮮餐廳的樸實白酒；為了拍攝電影而於薩哈拉沙漠的飯店滯留一個月時，每天都喝的突尼西亞紅葡萄酒；位於聖吉米尼亞諾的義式家庭餐廳提供的樸素特選酒款等，雖然不是多麼了不起的酒，卻都深深烙印在我的記憶中。

而且，包含飲用的場所、同行的同伴、當天的氣候等，都會逐一鮮明浮現。

這些葡萄酒並非主角，只是陪伴我度過了重要的時光，卻也因此構成令我懷念萬分的記憶片段。

葡萄酒有著千姿百態，飲用方式也因人而異。不過，選擇自己最喜歡的喝法才是最重要的，不需要糾結於他人的意見。因為，能夠帶來幸福感的，才是最棒的葡萄酒。

本書整理了我長年以來對於葡萄酒的許多想法。若能對於讀者在品嚐葡萄酒時有所幫助，實感萬幸。

最後，衷心感謝自本書執筆開始，便給予多方指導的大和書房篠原明日美小姐及松岡左知子小姐。

宮嶋　勳

台灣廣廈國際出版集團
Taiwan Mansion International Group

國家圖書館出版品預行編目（CIP）資料

跳脫品酒學，做自己的葡萄酒行家：40年國際葡萄酒講師的享酒之道，不裝腔作勢，帶你真正探討風味本質，找出專屬於自己的品飲方式 / 宮嶋勳著. -- 初版. -- 新北市：蘋果屋, 2022.11
面； 公分
ISBN 978-626-96427-8-6（平裝）
1.CST: 葡萄酒 2.CST: 品酒

463.814 111016933

蘋果屋
APPLE HOUSE

跳脫品酒學，做自己的葡萄酒行家

40年國際葡萄酒講師的享酒之道，不裝腔作勢，帶你真正探討風味本質，找出專屬於自己的品飲方式

作　　者／宮嶋勳
譯　　者／彭琬婷

編輯中心編輯長／張秀環・**編輯**／蔡沐晨・**文字協力**／彭文慧
封面設計／何偉凱・**內頁排版**／菩薩蠻數位文化有限公司
製版・印刷・裝訂／東豪・承傑・紘億・秉成

行企研發中心總監／陳冠蒨
媒體公關組／陳柔彣
綜合業務組／何欣穎

線上學習中心總監／陳冠蒨
產品企製組／顏佑婷

發 行 人／江媛珍
法律顧問／第一國際法律事務所 余淑杏律師・北辰著作權事務所 蕭雄淋律師
出　　版／蘋果屋
發　　行／蘋果屋出版社有限公司
地址：新北市235中和區中山路二段359巷7號2樓
電話：（886）2-2225-5777・傳真：（886）2-2225-8052

代理印務・全球總經銷／知遠文化事業有限公司
地址：新北市222深坑區北深路三段155巷25號5樓
電話：（886）2-2664-8800・傳真：（886）2-2664-8801
郵政劃撥／劃撥帳號：18836722
劃撥戶名：知遠文化事業有限公司（※單次購書金額未達1000元，請另付70元郵資。）

■出版日期：2022年11月
ISBN：978-626-96427-8-6

關於餐酒

人生至高無上的幸福，就是一道對的菜，一杯對的酒。

侍酒師 × 星級主廚的居家餐酒搭配

從葡萄酒到日本酒的風味特徵指南，專為「在家喝酒」設計的 100 道下酒菜

由 5 位國際級侍酒師、料理家聯合推出，
第一本專為「在家喝酒」打造的餐酒指南！
日本 Amazon 滿分 5 星推薦 ——
「初學者也能搭配出超越專業的美味！」

｜作 者｜ 岩井穗純、高橋善郎、五十嵐大輔、上田淳子、TSUREZURE
｜ ISBN ｜ 9789861305554

關於旅行

期待未知的驚喜，也坦然接受可能會發生的不如意。

散步新東京

9 大必去地區 ×158 個朝聖熱點，內行人寫給你的「最新旅遊地圖情報誌」

東京，那個你每年都想去的城市，
現在變成了什麼樣子呢？
在地人氣插畫家用 1000 張以上手繪插圖，
帶你重新探索這個古老又新潮的魅力城市！
這一年，讓我們一次又一次地回訪東京！

｜作 者｜杉浦爽　｜ ISBN ｜ 9786269642700

關 於 行 銷

不必花大錢，用「真誠」與「內容」打動顧客！

自媒體時代實戰行銷術

一人公司、新創公司、自由業都適用，從公關、宣傳、到網路行銷，精準傳遞品牌 & 商品價值創造好業績！

韓國行銷企劃專家首度公開，
不用砸錢宣傳、不靠廣告商，
憑著「訊息真確」及「內容策略」的行銷戰略，
在競爭激烈的市場中，提高關注度，贏得消費者的心！

| 作 者 | 李娟受、文仁宣 | ISBN | 9786269610600

關 於 人 生

你能夠打從心底大聲說出：「這輩子已經沒有遺憾」嗎？

100 年人生規劃曆

從出生日算出「人生時鐘」，編排未來可運用時間，活出自己想要的生命亮度（附 1930-2129 特製百年曆）

成功幫助超過 10 萬人翻轉生涯！
一本連結過去・現在・未來的「百年曆」，
帶你透過六大元素啟動「當下的力量」，
曾經遙不可及的夢想，寫上去後都逐一實踐！

| 作 者 | 大住力 | ISBN | 9786269560172